Anita Ehlers

Liebes Hertz!

*Physiker und Mathematiker
in Anekdoten*

*Mit einem Vorwort von
Carl Friedrich von Weizsäcker*

Birkhäuser Verlag
Basel · Boston · Berlin

Die Deutsche Bibliothek – CIP-Einheitsaufnahme

Ehlers, Anita:
Liebes Hertz! Physiker und Mathematiker in Anekdoten /
Anita Ehlers. Mit einem Vorwort von Carl Friedrich
von Weizsäcker. – Basel ; Boston ; Berlin : Birkhäuser, 1994
  ISBN 3-7643-5038-5

© 1994 Birkhäuser Verlag, Postfach 133, CH-4010 Basel, Schweiz
Umschlaggestaltung: Lioba Ziegler-Schneikart, Ulm
Abbildungsnachweis: siehe S. 210
Gedruckt auf säurefreiem Papier, hergestellt aus chlorfrei
gebleichtem Zellstoff
Printed in Germany
ISBN 3-7643-5038-5
9 8 7 6 5 4 3 2 1

Inhalt

Vorwort

Werner Heisenberg schuf im Frühsommer 1925, als Dreiundzwanzigjähriger, die Quantenmechanik. Er gab damit der Quantenhypothese, die Planck 1900 gefunden, Einstein 1905 auf die Theorie des Lichts, Bohr 1913 auf die Theorie des Atombaus angewandt hatte und die von Heisenbergs Lehrern Sommerfeld und Born fortgeführt war, die endgültige Gestalt, die seitdem nur weiter ausgearbeitet wurde, aber im Prinzip nicht mehr verändert werden mußte.

Heisenberg litt an Heuschnupfen. So floh er in den Pfingstferien gern in Gegenden, in denen die Luft nicht voller Pollen war. 1925 ging er nach Helgoland, und in zwei Wochen führte er dort die von ihm vermutete mathematische Gestalt der Theorie rechnerisch durch. Als ich, viereinhalb Jahre später, bei ihm zu studieren begonnen hatte, nahm er mich Pfingsten 1930 zu einem neuen Helgoland-Aufenthalt mit. Dort erzählte er mir: «Damals vor fünf Jahren: Geschlafen habe ich in den entscheidenden Tagen fast nicht. Ein Drittel der Zeit bin ich durch die Klippen geklettert, in einem Drittel habe ich die Quantenmechanik ausgerechnet, und in einem Drittel habe ich Gedichte aus Goethes West-östlichem Divan auswendig gelernt.» Kann man deutlicher die zusammengehörige Intensität des schöpferisch-rationalen Denkens, der Kunst und der leiblichen Bewegung in der freien Natur darstellen?

Physik und Mathematik gelten mit Recht als abstrakte Wissenschaften, deren strenge Begrifflichkeit nur von den Fachleuten durchschaut wird. Aber die Fachleute sind auch Menschen. Im eher geschlossenen Kreis der produktiven Physiker und einiger ihnen naher großer Mathematiker der letzten hundert Jahre kannte man sich gegenseitig, und die Menschlichkeit aller Beteiligten spiegelte sich in Anekdoten, die man übereinander erzählte. Anita Ehlers hat selbst im Kreise dieser Fachleute gelebt, und nun erzählt sie, was diese voneinander, im Ernst und im Spaß, über schöpferisches Denken und simple Menschlichkeit zu berichten wußten. Und es zeigt sich: Nicht zwei Menschen sind einander gleich, auch wenn sie an genau denselben Aufgaben arbeiten.

Die meisten der Menschen, von denen hier berichtet wird, habe ich persönlich gekannt, von Niels Bohr über Wolfgang Pauli bis zu Lise Meitner, oder ich habe doch die Luft ihrer Wirkung geatmet, von David Hilbert bis Albert Einstein. So bin ich gerne der Bitte gefolgt, dieses Buch durch ein Vorwort zu begleiten. Mögen die Leser Gewinn und Vergnügen am hier Berichteten haben!

Carl Friedrich von Weizsäcker
Starnberg, Juni 1994

Kapitel 1
«Und schon so klug»

Auftritt

Bei einem Besuch in München, wo sein Pate Ernst MACH lebte, bat der zwölfjährige Wolfgang PAULI darum, eine Vorlesung des berühmten Professors SOMMERFELD über theoretische Physik besuchen zu dürfen. Hinterher fragte ihn SOMMERFELD, ob er denn alles verstanden habe. «Ja», sagte der junge PAULI, «nur das nicht, was Sie da oben links angeschrieben haben.» Sinnend betrachtete SOMMERFELD daraufhin die Tafel und sagte nach einer Weile: «Dort habe ich tatsächlich einen Fehler gemacht.»

Ahnung

Otto HECKMANN machte seine erste Bekanntschaft mit dem sogenannten «kosmologischen Problem» bei einem Abendspaziergang mit seinem Vater. Beim Anblick des sternklaren Himmels fragte das Kind, wie HECKMANN erzählt: «‹Vater, was liegt hinter den Sternen?› Er antwortete knapp: ‹Sterne!› Ich meinte, er habe mich mißverstanden; ich wollte wissen, was hinter den Sternen komme. Er betonte, er habe mich verstanden, könne aber nur wiederholen, hinter den Sternen kommen wieder Sterne. Ich: ‹Sie hören also nicht auf?› Er: ‹Warum sollen sie aufhören?› Ich spürte, konnte aber nicht ausdrücken, daß Zahlen etwas seien, was der Mensch im Geiste setzt.»

Erste Ordnung

Paul EHRENFEST schrieb kurz vor seinem Tode Erinnerungen an seine Wiener Kindheit auf. Darin erzählt er: «Mit 4–5 Jahren wußte ich auch noch so genau, wo der liebe Gott wohnt – genau im Haus gegenüber auf unserer Straße direkt unter dem Dach – wo hoch oben über dem vierten Stockwerke gerade unter dem Dachgesims so kleine runde Lücken zu sehen waren – wahrscheinlich hatte ich ein wenig verkehrt gesehen, als mir jemand nach dem Himmel wies, als ich fragte, wo der liebe Gott mit all den Engerln wohnte – so kam Gott gegenüber im Haus grade unter dem Dach zurecht – deshalb ging ich immer so schrecklich gern zur alten Frau Schumann zu Besuch, die in diesem Haus gerade im vierten Stockwerk wohnte – da war man schon ganz nahe beim Himmel und sie gab einem immer so gutes Backwerk zu naschen.» Später sehnte sich EHRENFEST so sehr nach dem Himmel, daß er auf die fünf Gulden sparte, die ein Ballonflug im Prater kostete: Er wollte die Schnur durchschneiden und so in den Himmel fliegen.

… und frühes Leid

Über den allmählichen Abschied von diesem Weltbild erzählt EHRENFEST weiter:«Da gibts ein reizend-unheimliches langes Lied von einer Katze, die ein Lämmchen tötete, zur Vergeltung tötet der Hund die Katze und ein Knüppel den Hund und das Feuer verbrennt den Knüppel und das Wasser tötet das Feuer und so weiter und so weiter, bis schließlich Gott als letzter Rächer in der Kette auftritt. Ich glaube, ich fand das ziemlich in Ordnung, bis ich plötzlich bemerkte, daß diese Rache-Kette eine *gerade* Anzahl von Gliedern besaß (Struktur des immer 2-Zeilen-Gedichts) – *also* … war Gott im Unrecht, denn das Lämmchen war offenbar unschuldig (No 1), die Katze gemein (No 2), also der Hund gut (No 3), also der Knüppel böse (No 4) also also also … Gott böse (No 2n).

Diese unerbittlich-rationalistischen Schwierigkeiten mit der (jüdischen) Religion häuften sich …». Der Alltag hielt daneben auch andere, weit schlimmere Verfolgungen bereit:

«Es gab in Wien viel Antisemitismus: Jud, Jud wurde gerufen, mit Steinen wurde geworfen, ‹Stinkender, feiger Saujud› und dergleichen waren *sofort* auch bei dem nächsten, liebsten, treuesten Spielkamerade auf den Lippen, sobald nur die kleinste kindischste Spiel-Uneinigkeit auftrat … Man lehrte ganz systematisch die katholischen Kinder, in uns Juden die ‹Judasse, die Christus verkaufen› zu sehen.»

Hilfsdienste und ihr Lohn

Als kleiner Junge sammelte Werner HEISENBERG für seinen Großvater Pferdeäpfel, damit dieser seine Rosen düngen konnte. Er bekam dazu eine Kehrschaufel und einen alten, ausrangierten Eisenkoffer. Wenn der Koffer voll war, fuhr HEISENBERG mit der Straßenbahn zurück. Eines Tages wurde ihm dabei der Eisenkoffer gestohlen. Mit dem größten Vergnügen stellte HEISENBERG sich (und seiner Familie) gelegentlich das Gesicht der Diebes beim Öffnen des Koffers vor.

Experimente mit Folgen

Wenn seine Kinder Dummheiten begangen hatten und bestraft worden waren, erzählte HEISENBERG gerne Geschichten aus seiner eigenen Kindheit und Jugend:

Die Straßenbahnen konnten damals an beiden Enden chauffiert werden. Der siebenjährige HEISENBERG schaffte es, am Führerstand des hinteren Endes die Hebel so zu stellen, daß die Straßenbahn sich in Bewegung setzte. Zum Glück verhinderte der herbeilaufende Zugführer weiteren Schaden – und gab HEISENBERG eine schallende Ohrfeige, von der dieser später meinte, sie habe sich gelohnt.

Als HEISENBERG gesehen hatte, wie man mit einer Zwille schießen kann, schlug er daheim an einem Fensterrahmen sofort zwei Nägel ein, spannte ein großes Weckglasgummi dazwischen und schoß mit einem Nagel. Der flog 200 Meter weit und durchschlug eine Fensterscheibe. Doch der Schütze wurde von Passanten beobachtet, und die Strafe folgte auf dem Fuß – er mußte sich entschuldigen.

Öl auf Wasser

Lise MEITNER erzählte, ihr frühes Interesse an der Physik sei geweckt worden, als jemand ihr erklärte, woher die schön schillernden Farben auf Wasserpfützen mit Öl rührten. Etwa gleichzeitig sei immer wieder der Name Marie CURIE in der Zeitung aufgetaucht.

Erfinderisch

Der Vater von Bartel VAN DER WAERDEN, ein Gymnasialprofessor, hatte seinem begabten jungen Sohn die Mathematikbücher weggenommen, weil er der Meinung war, der

Junge solle besser mit seinen Kameraden im Freien spielen. Er gab ihm jedoch die Bücher zurück, als er entdeckte, daß sein Sohn aus eigener Kraft die Trigonometrie entdeckt hatte und statt der dort üblichen Bezeichnungen selbst erfundene Namen verwandte.

Alte Tapeten

In ihren «Jugenderinnerungen» erzählt Sofja KOWA-LEWSKAJA:

«Als wir aufs Land zogen, mußte man das ganze Haus neu herrichten und alle Zimmer mit frischen Tapeten versehen. Wegen der großen Zahl der Räume reichten die Tapeten für das Kinderzimmer nicht mehr hin; es hätte zuviel Umstände gemacht, erst eine Tapete aus Sankt Petersburg zu beziehen, und das war bei der Bestellung für nur einen einzigen Raum wirklich nicht der Mühe wert. Man wartete daher eine günstige Gelegenheit ab, und so blieb dieses Zimmer jahrelang mit alten Schriften beklebt. Glücklicherweise hatte man zu diesem provisorischen An-kleben gerade die lithographierten Vorlesungen OSTRO-GRADSKIs über Differential- und Integralrechnung ver-wendet, die mein Vater in seiner Jugend gekauft hatte. Diese Bogen mit den bunten, unverständlichen Formeln nahmen bald meine Aufmerksamkeit in Anspruch. Ich stand, wie ich mich erinnere, als Kind stundenlang vor dieser geheimnisvollen Wand und bemühte mich, zum mindesten einzelne Sätze zu entziffern und die Ordnung herauszufinden, in der die Bogen aufeinander folgen muß-ten. Vom täglichen langen Beobachten prägte sich meinem Gedächtnis das äußere Bild vieler Formeln ein, selbst der

13

Text hinterließ in meinem Gehirn eine tiefe Spur, obgleich ich ihn beim Lesen nicht verstand.

Als ich viele Jahre später, schon als fünfzehnjähriges Mädchen, bei dem bekannten Professor der Mathematik, Alexander Nikolaiwitsch STRANNOLJUBSKI, in Petersburg die erste Lektion in Differentialrechnung nahm, wunderte er sich, wie rasch ich begriff, was er über die Asymptote sagte, «gerade als hätte ich im voraus alles über sie gewußt.»

Erste Liebe

Viktor WEISSKOPF erzählt aus seiner Schulzeit, er habe als Jüngster unter seinen Mitschülern nicht wie die älteren Jungen mit Erfolgen bei Mädchen prahlen können, jedoch wie gebannt zugehört. Bei einem Spiel wurde reihum jeder gefragt, wen er liebe, er verriet jedoch nur den Anfangsbuchstaben des Namens; die anderen Mitspieler versuchten dann zu erraten, wer die Glückliche war. Als Weißkopf an die Reihe kam, antwortete er: «Meine Liebe beginnt mit Z», und keiner kam auf die richtige Lösung. Er mußte selbst verraten, daß er die Zentrifugalkraft meinte!

Zu jung

MINKOWSKI stellte sein mathematisches Genie schon früh unter Beweis. Bereits als Schüler gewann er einen Geldpreis und stellte ihn, ohne davon zu erzählen, einem bedürftigen Mitschüler zur Verfügung. Er war 17, als er sich um den Großen Preis der Pariser Akademie bewarb, der ihm gemeinsam mit dem anerkannten, gerade verstorbenen Engländer Henry SMITH zugesprochen wurde. Doch die Verleihung stieß auf Widerstand: Einerseits, weil die Engländer meinten, es mindere den Ruhm ihres Landsmanns, wenn er den Preis mit einem Knaben teilen müßte, und andererseits, weil MINKOWSKI nicht dazu gekommen war, seine Arbeit ins Französische zu übersetzen – so vertieft war er in sie.

Hindernisse

Wilhelm RÖNTGEN konnte seine Schulbildung nur unter größten Schwierigkeiten mit dem Abitur abschließen: Ein Lehrer hatte sich über die Maßen erregt, als einer seiner Schüler ihn auf dem Ofenschirm karikiert und RÖNTGEN den Namen des Zeichners nicht preisgegeben hatte. Er wurde von der Schule verwiesen und mußte die Reifeprüfung als Externer ablegen. Der ihm wohlgesonnene Prüfer war beim entscheidenden Termin jedoch krank und wurde ausgerechnet vom früheren Direktor vertreten, welcher Röntgen durchfallen ließ.

Kein Wunderkind

Lew LANDAU sagte einmal, er sei kein Wunderkind gewesen, denn er habe im Aufsatz nie eine bessere Note als eine Drei erhalten. Doch die Mathematik beherrschte er schon als Zwölfjähriger. Er schloß die Schule als Dreizehnjähriger ab, durfte aber, weil seine Eltern ihn noch für zu klein hielten, erst als Vierzehnjähriger in Sankt Petersburg mit dem Studium von Mathematik, Physik und Chemie beginnen. In der Zwischenzeit besuchte er gemeinsam mit seiner älteren Schwester ein Jahr lang eine Wirtschaftsfachschule.

Erkenntnis

PAULI, der oft sehr sarkastisch war, bemerkte als berühmter Mann: «Ja, das Wunderkind – das Wunder vergeht, und das Kind bleibt...»

Kapitel 2
«Die Studenten sind verwirrt, Herr Professor!»

Daneben

VAN DER WAERDEN sagte einmal, seine Ausbildung habe sich ganz entscheidend im Lesezimmer des mathematischen Instituts abgespielt. Wenn eine Frage aufkam, habe er die Antwort in einem Buch des Verfassers *A* gesucht und wohl auch gefunden. Daneben aber habe ein Buch eines Verfassers *B* gestanden, und dieses sei ihm immer noch interessanter und nützlicher erschienen.

Warnung

Von seinen Praktikanten verlangte Wilhelm RÖNTGEN selbst bei einfachsten Experimenten scharfe Beobachtung und genaues Messen. Seinen Assistenten riet er: «Päppeln Sie niemanden hoch, es hat keinen Zweck!» Auch Doktoranden überließ er sich selbst.

Ratschläge

HILBERT hatte keine besonders hohe Meinung von den Fähigkeiten des durchschnittlichen Studenten und meinte, daß nichts wirklich verstanden sei, wenn es nicht oft wiederholt worden war. «Fünf mal, Hermann, *fünf* mal,» empfahl er Hermann WEYL vor dessen ersten Vorlesungen. Seine Lieblingsregeln waren: «Fang mit den einfachsten Beispielen an» und «Die Rechnungen dürfen möglichst nicht über das kleine Einmaleins herausgehen».

Geistige Nahrung

Der Geometer Julian COOLIDGE hielt witzige und humorvolle Vorlesungen. Er sagte einmal: «Ich versuche, die Studenten zum Lachen zu bringen, wenn ich unterrichte. Und wenn ihr Mund offen ist, gebe ich ihnen etwas zu kauen.»

Didaktik

SOMMERFELD sagte einmal: «Ich habe mich bemüht, meine Vorlesungen so zu gestalten, daß sie zu leicht sind für die fortgeschrittenen Studenten und zu schwer für die Anfänger.»

Etwas differenzierter lautet eine Regel für den Aufbau eines guten Vortrags, die vielen, unter anderen auch dem Göttinger Physiker Richard BECKER, zugeschrieben wird: «Das erste Drittel sollte jeder verstehen, das zweite Drittel nur noch die Experten und das letzte Drittel keiner mehr.»

Werbung

In seinen Vorlesungen beschäftigte sich SOMMERFELD immer wieder mit ganzen Zahlen. Als überall der Werbespruch zu lesen war: «Sind's die Augen, geh zu Ruhnke», sagte PAULI: «Sind's ganze Zahlen, geh zu SOMMERFELD».

Verbundenheit

SOMMERFELD lehnte einen höchst ehrenvollen Ruf nach Berlin mit der Begründung ab: «Es ist mir zweifelhaft, ob in dem großen und unruhigen Berlin der Kontakt mit den Studierenden ebenso innig zu halten sein würde wie in München.»

Motivation

Als SOMMERFELD eine Vorlesung über ein besonders schwieriges Thema ankündigte, fragte sein Assistent verwundert, ob er auch dieses Thema beherrsche. SOMMERFELD antwortete: «Nein, sonst würde ich keine Vorlesung darüber halten.»

Grundlagen

In einer Vorlesung sprach SOMMERFELD über die Entwicklung der elektromagnetischen Theorie des Lichts. «Diese Gedanken haben FRESNEL noch auf seinem Totenbett beschäftigt. Freilich waren sie auf einer elastischen Grundlage nicht lösbar.»

Fehlschluß

Zu HILBERTs Zeiten wirkte in Göttingen auch der Mathematiker Theodor KALUZA, der wie später Oskar KLEIN eine höherdimensionale Geometrie zur Berechnung einer einheitlichen Theorie der Gravitation und Elektrodynamik aufstellte. Er warnte seine Studenten oft vor den Gefahren des doppelten Grenzübergangs und ermahnte sie mit einem Beispiel zur Vorsicht: «Ein Mann kommt mit Magenbeschwerden zum Arzt. Der untersucht ihn gründlich und sagt dann: ‹Sie müssen öfter essen, aber immer nur wenig!› Der Mann wollte es besonders gut machen und führte einen doppelten Grenzübergang aus: Er aß von nun an ‹immer nichts›.

Ansprüche

HILBERT irritierte seine Schüler und Kollegen oft mit seinen hartnäckigen und zeitraubenden Fragen. Selten verstand er etwas augenblicklich, immer mußte er den Dingen auf den Grund gehen. Auch an seinen «Mathematikclub» stellte er hohe Ansprüche: Sein Leitfaden für den Sprecher war: «Nur die Rosinen von dem Kuchen.» Komplizierte Rechnungen unterbrach er mit dem Ruf: «Wir sind nicht hier, um die Vorzeichen nachzuprüfen.» Wenn ihm eine Erklärung unnötig schien, rief er: «Wir sind nicht in der Tertia!»

Nutzen

HILBERT hörte sich einmal die Vorlesung eines später sehr berühmten jungen Kollegen an, die nach Meinung anderer «wirklich wichtig, schön und sehr schwierig» war. HILBERT fragte am Schluß nur: «Wozu ist es gut?»

Sympathie

HILBERT sah einmal auf der Weender Straße in Göttingens Zentrum, auf der immer viele Studenten flanierten, einen jungen Mann ein offensichtlich schwieriges Problem bedenken. Väterlich legte er ihm die Hand auf die Schulter und sagte: «Es konvergiert sicherlich» – und der junge Mann lächelte dankbar.

Der Alte

Seine erste Göttinger Vorlesung hatte HILBERT über analytische Funktionen vor einem einzigen Hörer gehalten. Wenige Jahre später füllten mehrere hundert den Raum, selbst die Fensterbänke waren besetzt. Auf HILBERT machte der Erfolg keinen Eindruck. «Selbst wenn der Kaiser in den Raum gekommen wäre», sagte ein Kollege, «HILBERT wäre nicht anders gewesen.» – «War HILBERT so, weil er der führende deutsche Mathematiker war?» – «Nein, HILBERT wäre derselbe gewesen, wenn er nur ein einziges Stück Brot zu beißen gehabt hätte».

Vorbereitung

Wie einer der Studenten berichtete, verwandte HILBERT viel Zeit auf die Erklärung eines Problems. Wenn dann der Beweis geführt wurde, erschien dieser so natürlich und selbstverständlich, «daß wir uns fragten, warum wir nicht selbst darauf gekommen sind». Die Einzelheiten der Darstellung entwickelte HILBERT am Katheder, und so konnten HILBERTs Vorlesungen gelegentlich zum Fiasko werden, wenn ihm die Einzelheiten nicht einfielen oder falsch waren. Manchmal konnte der Assistent helfen: «Die Studenten sind verwirrt, Herr Professor, das Vorzeichen stimmt nicht.» Aber oft gab es keine Rettung. Dann zuckte er die Achseln: «Je, ich hätte mich besser vorbereiten sollen», und entließ die Hörer.

Als MINKOWSKI nach Göttingen gekommen war, bereitete HILBERT seine Vorlesung in der Regel gemeinsam mit ihm und seinem «persönlichen Assistenten» BORN vor. BORN ging dazu zu HILBERTs Wohnhaus, wo er MINKOWSKI schon vorfand. Die drei diskutierten dann über die allgemeinen Grundsätze dessen, was HILBERT später am Vormittag lesen wollte. Er wollte die Studenten am wissenschaftlichen Denken teilhaben lassen, Schwierigkeiten er-

21

hellen und «eine Brücke zur Lösung aktueller Probleme bauen». Auf jeden Fall wollte er die Studenten nicht «einfach schöne Kolleghefte füllen» lassen, denn er hielt nichts von Vorlesungen, die Studenten Tatsachenwissen vermitteln, aber nicht lehren, wie ein Problem zu fassen und zu lösen sei. HILBERT meinte: «Eine perfekte Formulierung eines Problems ist schon die halbe Lösung».

Der Eine und der Andrae

HILBERTs Vorlesungen über Potentialtheorie im Wintersemester 1901/02 waren voller neuer Ideen, denen die Studenten oft nicht folgen konnten. Albert ANDRAE, HILBERTs Assistent, der die Vorlesung ausarbeitete, schrieb manchmal an den Rand: Von Seite so und so bis Seite so und so kann die Richtigkeit nicht garantiert werden. Bei der Weihnachtsfeier des Mathematikclubs erkannte ein Student seine Bemühungen dankbar an:

> Der eine bleibt erst unverständlich
> Der Andrae macht es klar.

Methodik

PAULI las an der Eidgenössischen Technischen Hochschule in Zürich einen viersemestrigen Kursus über Elektrodynamik, Optik und Elektronentheorie, Thermodynamik und Statistische Mechanik und bot daneben noch Spezialvorlesungen an. In diesen kamen seine mathematischen Interessen stark zur Geltung. Sein Assistent FIERZ hätte diese Vorlesungen gern gehört, aber PAULI winkte ab: «Das ist nichts für Sie!» FIERZ fand den Grund heraus, als

PAULI ihn gelegentlich vor seiner Vorlesung zu sich bestellte. Dann kam nämlich der Moment, wo er sagte: «Nun muß ich aber bald lesen, und ich will noch nachsehen, was ich zu sagen habe.» Darauf ergriff er eines jener in schwarzes Wachstuch gebundenen Kolleghefte, in die er offenbar schon vor vielen Jahren seine Notizen eingetragen hatte. Dabei hatte er zunächst immer nur eine Seite beschrieben. Auf der anderen Seite und auch zwischen den schon geschriebenen Zeilen standen Ergänzungen. Das Ganze machte wohl nicht nur auf FIERZ einen verwirrenden Eindruck, denn auch PAULI blickte kopfschüttelnd in sein Heft: «Ich begreife gar nicht, was ich mir da überlegt habe, na, es wird schon gehen» – und eilte in die Vorlesung.

Klar

PAULI, wie so oft recht unorganisiert, hatte ein falsches Vorzeichen geschrieben, und statt der gewünschten Rotergab sich eine Blauverschiebung. PAULI begann, vor der Wandtafel hin und her zu laufen, er murmelte vor sich hin, wischte das Minuszeichen aus, schrieb statt dessen ein Plus, machte das zu einem Minus und so weiter. Das ging eine ganze Zeitlang, bis er sich schließlich seinen Hörern zuwandte und sagte: «Ich hoffe, Sie alle haben nun eingesehen, daß es wirklich eine Rotverschiebung ist.»

Trotzdem

HILBERT hielt eine Vorlesung über Einsteins Gravitationstheorie und war überrascht, als nach der Pause viel mehr Kommilitonen im Raum saßen als vorher. Als HILBERT begann: «Wir wollen also in einem vierdimensionalen Raum

Physik betreiben» und von einem Punkt aus vier Striche an die Tafel zeichnete, erhoben sich die Hinzugekommenen und strebten dem Ausgang zu. HILBERT schaute ihnen nach und wandte sich mit einem «Trotzdem» den Hörern zu.

Oben und unten

Um 1900 hielt HILBERT viermal in der Woche frühmorgens zwei Vorlesungen, zunächst eine über Differentialrechnung für Anfänger, anschließend eine über Integralgleichungen. Er hatte in der ersten Stunde stets zwei Manuskripte auf dem Pult liegen, unten die zur Integralrechnung, obenauf die über Differentialrechnung, über die er redete. Gleichzeitig bereitete er die Vorlesung über Integralrechnung vor. «Und wenn man nun noch bedenkt», so bemerkte ein Beobachter, «daß HILBERT besonders leicht, häufig und lange geistesabwesend sein konnte, dann kann man sich diese Differentialrechnung vorstellen.»

Axiome

Seine Meinung, daß die genaue und für mathematische Zwecke vollständige Beschreibung (der räumlichen Beziehungen zwischen Punkten, Geraden, Ebenen) allein durch «Axiome» erfolgt, veranschaulichte HILBERT durch die Behauptung: «Man muß jederzeit an Stelle von ‹Punkten, Ebenen, Geraden› auch ‹Tische, Stühle, Bierseidel› sagen können.»

Benennung

HILBERT erklärte: «Die Aussage ‹Alle Mädchen, die Käthe heißen, sind schön›, ist kein allgemeines Gesetz.

Denn sie hängt von der Benennung ab, und die ist willkürlich.»

Existenzaussage

Den Unterschied zwischen einer reinen Existenzaussage und dem Aufweis eines spezifischen Gegenstands veranschaulichte HILBERT durch die Aussage: «Unter denen, die in dieser Vorlesung sind, ist einer, der die kleinste Anzahl von Haaren hat.»

Unendliche Menge

Ein weiteres Beispiel für HILBERTs Kunst der Veranschaulichung ist «HILBERTs Hotel», das die Mächtigkeit einer abzählbar unendlichen Menge verdeutlicht: «Meine Herren, denken Sie sich ein Hotel mit endlich vielen Zimmern, und die Zimmer sind alle besetzt. Da kommt noch ein Gast und will noch ein Zimmer haben. Der Portier bedauert. Und nun denken Sie sich ein Hotel mit unendlich vielen Zimmern, auch die seien alle besetzt. Da kommen noch unendlich viele Gäste und wollen alle noch Zimmer haben. Da sagt der Portier: «Bitte schön!» Und da rückt der Gast von Zimmer Nr. n auf Zimmer Nr. 2n. So werden unendlich viele Zimmer frei.»

Kreide

Im Seminar war HILBERT ein guter Zuhörer, der Bemühungen anerkannte und mit Milde korrigierte. Doch wenn ihm etwas zu klar schien, schnitt er mit einem «Aber das ist doch ganz einfach» das Wort ab. Auch seine Bemerkungen zu unzureichenden Beiträgen waren scharf: «Ja, Fräulein

S., Sie haben uns einen sehr interessanten Bericht über eine schöne Arbeit gegeben, aber wenn ich mich frage, was Sie wirklich gesagt haben, ist es Kreide, Kreide, nichts als Kreide.»

Alles Wesentliche

Zu Beginn der Vorlesung über gewöhnliche Differential-gleichungen schrieb HILBERT die beiden Gleichungen $y'' = 0$ und $y'' + y = 0$ an die Tafel. «Meine Herren», sagte er dazu, «aus ihnen können sie die ganze Theorie lernen, sogar den Unterschied zwischen der Bedeutung des An-fangswertproblems und des Randwertproblems.»

Noether-Knaben

Emmy NOETHER begrüßte einen neuen Hörer einmal mit: «Ach, wieder ein Ausländer! Ich kriege nur Ausländer!» Unter diesen Ausländern waren die später berühmten Mathematiker VAN DER WAERDEN, ARTIN und ALEXAN-DROFF. In den zwanziger Jahren wurde NOETHER so zur «Mutter der modernen Algebra», um die sich eine Scharbedeutender Schüler – die «NOETHER-Knaben» – sammelte.

Überraschung

Emmy NOETHERs Vorlesungen waren schlecht besucht, meistens waren es nur fünf bis zehn Studenten. Einmal jedoch warteten über hundert Studenten auf sie. «Sie müssen in der falschen Vorlesung sein,» sagte sie. Aber die Studenten begannen mit dem Getrampel, das den Begrü-ßungs- und Abschiedsapplaus ersetzt. Nach Schluß der

Vorlesung gab ihr einer der regulären Hörer einen Zettel: «Die Besucher haben die Vorlesung genau so gut verstanden wie die regulären Hörer.»

Leistung

HILBERT wurde eine Arbeit vorgelegt, die ein Gasthörer seines Seminars angefertigt hatte, und er erklärte: «Die meisten Dissertationen enthalten einen halben Gedanken. Die guten haben einen ganzen. Diese Arbeit hat zwei gute Gedanken.»

Der Verfasser, Jacob GROMMER, hatte eine Talmud-Schule besucht, weil er Rabbi werden wollte. In seiner osteuropäischen Heimat war es üblich, daß der neue Rabbi die Tochter des alten heiratete. Als aber die Tochter des Rabbi die grotesk großen Hände und Füße GROMMERs sah, der unter Acromegalie litt, verweigerte sie ihr Einverständnis. Damit war GROMMERs Karriere als Rabbi beendet, und der verschmähte Liebhaber wandte sich mit großem Erfolg der Mathematik zu – doch für eine Promotion erfüllte er nicht die Voraussetzungen, weil er kein Gymnasium besucht hatte. Als HILBERT das hörte, begannen seine Augen zu funkeln: «Wenn ich diesem jungen Mann, Litauer und Jude ohne Abitur, den Doktorgrad verschaffen kann, habe ich wirklich etwas geleistet!» So wurde GROMMER schließlich Doktor der Philosophie – und war zehn Jahre lang EINSTEINs Assistent.

Hochmut

In einer Vorlesung über Topologie behandelte MINKOWSKI den Vierfarbensatz. (Dieser berühmte, erst kürzlich bewiesene Satz besagt, daß sich jede Karte mit nur vier Farben so färben läßt, daß niemals zwei aneinandergrenzende Gebiete die gleiche Farbe haben.) MINKOWSKI sagte in einem seltenen Anflug von Arroganz:

«Der Satz ist noch unbewiesen, aber nur, weil sich bis jetzt ausschließlich drittrangige Mathematiker damit beschäftigt haben. Ich glaube, ich kann ihn beweisen.»

Er begann sofort mit dem Beweis, hatte ihn aber am Ende der Stunde noch nicht gefunden. Er setzte sein Bemühen in der nächsten Vorlesung fort, und so vergingen mehrere Wochen. Schließlich kam er an einem gewittrigen Tag in den Vortragssaal, begleitet von einem großen Donnerschlag. «Der Himmel ärgert sich über meinen Hochmut», bekannte er. «Mein Beweis des Vierfarbensatzes ist auch fehlerhaft.» Dann nahm er die Vorlesung an dem Punkt wieder auf, an dem er sie vor mehreren Wochen verlassen hatte.

Bernsteine

Ein Student fragte LANDAU nach der Güte eines Stückes Bernstein. LANDAU antwortete: «Felix». Damit verglich er den Bernstein mit dem für seine Arbeiten auf dem Gebiet der Statistik berühmten Felix BERNSTEIN. Hätte er aber Serge gesagt, wäre der Bernstein von überragender Qualität gewesen, denn Serge BERNSTEIN war einer der größten russischen Mathematiker seiner Zeit.

Kalkül

Der Darmstädter Mathematikprofessor Paul WOLFSKEHL hatte in seinem Testament 100 000 Mark für einen vollständigen Beweis von Fermats letztem Satz ausgesetzt. Die Zinsen dieses Vermögens standen der Göttinger Akademie der Wissenschaften zur Verfügung; HILBERT hatte den Vorsitz in dem Komitee, das über die Verwendung der Gelder zu befinden hatte. Mit diesem Geld wurden Gastprofessuren bezahlt und Konferenzen veranstaltet. Gefragt, warum er nicht selbst Fermats letzten Satz bewies, um den großzügigen und ehrenvollen Preis zu gewinnen, meinte HILBERT: «Warum soll ich die Gans töten, die goldene Eier legt?»

Bedenken

HILBERT nutzte Rufe an andere Universitäten mit großem Geschick, um für seinen Lehrstuhl in Göttingen bessere Bedingungen zu erreichen. Als das Gerücht umlief, er würde als Nachfolger von HURWITZ nach Zürich berufen werden, beschworen ihn die Studenten vorsichtshalber:

> *«Hilbert, gehen Sie nicht nach Zürich,*
> *Leben ist auch da recht ‹schwürich›.»*

Unterschied

HILBERT erhielt 1904 einen Ruf nach Heidelberg, wo Leo Königsberger zugunsten HILBERTs auf seinen Lehrstuhl verzichten wollte. Obwohl seine Frau für den Wechsel war, lehnte HILBERT ab, handelte sich jedoch als Bedingungen, unter denen er bereit war, in Göttingen zu bleiben, einige Vorteile heraus. Bei einem seiner Vorschläge rief der preußische Universitätsreferent Friedrich Althoff in Berlin aus: «Aber das haben wir ja nicht einmal hier in Berlin!»

«Ja», erwiderte HILBERT glücklich, «aber Berlin ist auch nicht Göttingen!»

Berufung

Als Hermann WEYL, damals Professor in Zürich einen ehrenvollen Ruf nach Göttingen erhielt, erwog er bis zum letzten Augenblick auf langen Spaziergängen am Zürichsee mit seiner Frau die Vor- und Nachteile, ging dann kurz vor Mitternacht zum Postamt, um zuzusagen – und kam mit der Nachricht zurück, daß er seine Ablehnung telegrafiert hatte.

Nachruf

Eine wahrscheinlich apokryphe Geschichte erzählt, daß ein Student HILBERT eines Tages einen Beweis der Riemannschen Vermutung vorlegte. HILBERT war von der Tiefe des Gedankengangs beeindruckt, fand aber einen Fehler, den auch er nicht beheben konnte. Als der junge Mann im Jahr darauf – nach Meinung mancher aus Niedergeschlagenheit über diesen Fehler – starb, hielt HILBERT auf eigene Bitte eine Grabrede, in der er der Trauergesellschaft sagte, wie tragisch der Tod des jungen Mannes sei, der noch nicht erreicht hatte, was ihm möglich gewesen wäre. Er hielte es durchaus für möglich, daß der Beweis des Satzes trotz des Fehlers entlang jener Beweisideen geführt werden könne. «In der Tat», setzte er begeistert an, als er im Regen am offenen Grab stand, «betrachten wir eine Funktion einer komplexen Variablen …»

Drama

LANDAU nannte einen seiner riesenhaften, aus unzähligen Hilfssätzen zusammengesetzten Beweise «ein großes Drama in drei Akten, das sich von anderen Dramen dadurch unterscheidet, daß in ihm etwas bewiesen wird.»

Phantasie

Ein Mathematikstudent besuchte nicht mehr die Vorlesungen – er schriebe jetzt einen Roman. Man fragte sich daraufhin in Göttingen, wieso ausgerechnet ein ehemaliger Mathematiker Dichter würde. «Aber das ist doch ganz einfach,» sagte HILBERT: «Er hatte nicht genug Phantasie für die Mathematik, aber für Romane reicht's.»

Entscheidung

Gustav HERTZ brach einmal eine Vorlesung mitten im Satz ab, als ihn das zu eifrige Mitschreiben der Studenten störte, die seiner Meinung nach gar nicht mehr mitdachten, und sagte recht barsch: «Meine Herren, wollen Sie nun Schriftsteller werden oder Physiker? Einige Physiker, etwa Lichtenberg, sind ganz passable Literaten geworden. Aber mir fällt kein Schriftsteller ein, der ein annehmbarer Physiker geworden ist.»

Erzählungen zum Thema

Theodor von KARMAN hatte die Angewohnheit, auch bei schwierigen Themen mitten in einer Vorlesung einen Studenten aufzufordern: «Erzählen Sie mir etwas zu diesem Thema!». Das machte ihn nicht sehr beliebt. Die Studenten wollten sich bei einem Abendessen, das sie für

ihre Professoren gaben, rächen und forderten von KAR-
MAN auf, ihnen seinerseits alles über ein bestimmtes Thema zu erzählen. Der erhob sich und sagte: «Meine Damen
und Herren, es ist mir wirklich eine große Freude» und
setzte sich wieder.

Metier

Pascual JORDAN, dessen Vater ein Kunstmaler war, verstand es, den Inhalt seiner Vorlesungen durch seine Tafel-
anschriften zu veranschaulichen. Er hantierte dabei mit viel
Farbkreide und sah selbst hinterher oft recht «malerisch»
aus. Auch seine Rückverweise bewegten sich in diesem
Metier: «Denken Sie an das Gelbe dort vom letzten Mal.»
Oder: «Ich meine das, was hier in der letzten Woche in Blau
stand.»

Glasperlenspiele

Wegen der nach dem Krieg in Hamburg herrschenden
Raumnot wurden viele Mathematikvorlesungen im schönen Völkerkundemuseum abgehalten. Lothar COLLATZ
begann eine Vorlesung über Spieltheorie, bei der das
Anschauungsmaterial in Form von Go-Spielen sozusagen
am Wege lag, mit dem Satz: «Ich komme aus einer alten
Spielerfamilie» und hatte seine Hörer und Hörerinnen
gewonnen.

Bei Tagungen, etwa in Oberwolfach, freute er sich,
wenn er Mitspieler fand. Gern spielte er Wortspiele, bei
denen es wie bei dem von ihm erfundenen Parolagraph
darum ging, möglichst lange Wörter zu konstruieren.

Singularität

In einer Vorlesung über Funktionentheorie traf COLLATZ beim Schreiben an der Wandtafel mit der Kreide auf eine «schnelle Stelle», und die Kreide blieb hängen. COLLATZ kommentierte: «Ah, hier handelt es sich um einen singulären Punkt.»

Unglücklich

Niels BOHR formulierte sehr vorsichtig, deshalb hielt er gewöhnlich in der rechten Hand die Kreide und in der linken das Wischtuch, mit dem er bis auf die jeweils letzte Formel alles auswischte. Einmal jedoch ertönte, wie Carl Friedrich von WEIZSÄCKER erzählt, «aus dem Auditorium die energische Stimme seines alten Freundes Paul EHRENFEST: ‹BOHR!› Erschrocken wandte Bohr sich ihm zu. ‹BOHR! Gib den Schwamm her!› Mit gequältem Lächeln überreichte ihm BOHR den Schwamm, und EHRENFEST hielt ihn während des Rests des Vortrags fest auf seinen Knien.»

Unnötig

Gelegentlich, besonders in der Zeit vor der Erfindung des Tageslichtprojektors, beschrieben Vortragende die Tafel schon vor Beginn der Vorlesung, damit das Anschreiben sie nicht aufhalten oder ablenken würde. So bedeckte auch K.D. FRYER einmal die Tafel mit komplizierten Formeln und schrieb in großen Buchstaben darüber: BITTE NICHT AUSWISCHEN! Als die Zuhörer dann die Tafel sahen, erfüllte sie der Anblick mit großem Respekt und mit dem Gefühl, dem Vortrag bald nicht mehr folgen zu können. FRYER begann seine Vorlesung mit den Worten: «Ich bin sicher, dies alles brauchen wir nicht» und wischte alle Formeln aus.

Angleichung

Otto HECKMANN hatte einen sehr begabten, aber sehr unordentlichen Studenten, dessen Ausarbeitungen der Übungsaufgaben immer originell, aber kaum lesbar waren. HECKMANN schrieb einmal darunter: «Wollen Sie nicht das Äußere Ihrer Ausführungen etwas mehr Ihren Geistesblitzen angleichen? Oder wollen Sie unbedingt den Eindruck eines Diogenes in der Tonne erwecken?»

Zwischen Himmel und Erde

Rhea KULKA, später die Frau von Reimar LÜST, erzählte dem Astronomen Otto HECKMANN von ihrem Plan, Astronomie zu studieren. HECKMANN hörte sich ihre Gedanken und Bedenken an, ging dann schweigend zum Bücherregal, holte einen der großen Sternkataloge heraus, schlug ihn auf und wies auf eine lange Zahlenkolonne: «Das wird Ihr täglich Brot sein.»

Rücksicht

Der Münchner Physiker SALECKER bat einmal schwätzende Hörer: «Meine Herren, sprechen Sie bitte lauter, damit alle hören können, was Sie zu besprechen haben.» Sein berühmter Kollege RÖNTGEN, dessen Vorlesungen keinerlei rhetorischen Schwung hatten, und in denen immer wieder einmal ein Student einschlief oder andere sich laut unterhielten, sagte dagegen, als ihm die Unterhaltung einmal zu laut wurde: «Wenn jene Herren dort ihre Gespräche leiser führen wollten, könnten die Herren, die der Ruhe bedürfen, ungestörter schlafen, und die übrigen, welche interessiert, was ich zu sagen habe, meinem Vortrag um so besser folgen.»

Zu spät

In einer Vorlesung von HALLWACHS mußte einmal im vollbesetzten Hörsaal die halbe Reihe aufstehen, um einen Hörer, der erst in der Mitte der Vorlesung kam, zum einzigen freien Sitzplatz durchzulassen. HALLWACHS unterbrach seinen Vortrag und sagte, als alle wieder saßen: «Mein Herr, wenn Sie so spät kommen, empfehle ich Ihnen, lieber ganz auf meinen Vortrag zu verzichten.» Der Student entgegnete: «Herr Professor, Sie haben vollkommen recht!», erhob sich und ging genau so umständlich. Als er gegangen war, sagte HALLWACHS: «Der war mir über.»

Als sich ein Student allzusehr über den leisen Vortrag RÖNTGENs ärgerte, klappte er hörbar sein Kollegheft zu und schritt langsam die Stufen zum Ausgang des Hörsaals hinauf. RÖNTGEN rief ihm mit lauter Stimme nach: «Was fällt Ihnen ein, Sie stören meine Vorlesung!» Der Schwabe drehte sich auf der letzten Stufe um: «Schau, schau, Männle, jetzt kannscht kreische! Jetzt ischt's z'spät!» Und verließ den Raum.

Kapitel 3
«Der Heisenberg hat einen Dreier!»

Hertzschmerzen

Gustav HERTZ war zu Ohren gekommen, daß die Studenten munkelten: «Man geht mit Schmerzen zur Prüfung zu Hertzen.» Am Schluß seiner nächsten Vorlesung reimte er seinerseits:

«Kommt herzlich wenig Wissen zur Prüfung zu Hertzen,
bereitet dieses Wenig Hertzen Schmerzen.»

Geborener Doktor

Eine radikale Lösung aller Prüfungssorgen wurde von Alfred SCHILD vorgeschlagen: SCHILD gefiel es gar nicht, daß Studenten vor allem deshalb studierten, weil sie einen akademischen Abschluß anstrebten. Sein Vorschlag: Jeder sollte bei der Geburt den Doktortitel erhalten.

Lernfreiheit

SCHILD vertraute darauf, daß Lernen eine Freude ist, wenn man nicht unter Druck steht; unter Partnern brauche es keine Prüfungen, sondern Gespräche. SCHILD löste deshalb das Problem der Noten, die an amerikanischen Hochschulen in jedem Semester vergeben werden, auf seine Weise: Jeder Student erhielt unabhängig von der Qualität seiner Arbeiten ein «Gut». Wer sich beschwerte, weil er meinte, er habe eine bessere Note verdient, bekam ein

«Sehr gut», und wer fand, er habe kein «Gut» verdient, erhielt ein «Befriedigend».

Ganz einfach

Auf die Frage eines seiner Schüler, worauf er sich für das Examen vorbereiten sollte, antwortete SOMMERFELD: «Da brauchen Sie sich nicht viel vorzubereiten. Daß Sie nicht schlechter bekommen als *cum laude*, dafür sorge ich. Daß Sie nicht besser bekommen, dafür sorgen Sie schon.»

Kurz und knapp

POHL zog einmal bei einer Prüfung eine kleine goldene Uhr heraus, die er an einer langen Goldkette in der Westentasche trug, ließ sie wie ein Pendel schwingen und fragte, was das sei. Der Prüfling sagte: «Es ist nicht alles Gold, was glänzt.» POHL war über diese Antwort erfreut und gratulierte nach wenigen weiteren Fragen zum bestandenen Examen.

Bei einer anderen Prüfung soll POHL gefragt haben: «Was wäre, wenn wir uns auf dem Meeresboden begegnen würden?» Der Prüfling antwortete: «Wir wären beide platt, Herr Professor», und wurde mit einer guten Note belohnt.

Ja gern!

Engelbert SCHÜCKING hatte den Termin seiner Prüfung verschlafen. Der Prüfer, COLLATZ, rief bei ihm an, ob er nicht kommen wolle. SCHÜCKING antwortete: «Ja, ich würde mich gern mit Ihnen unterhalten.»

Problem

Max PLANCK sah einen Prüfling aufgeregt auf dem Korridor herumlaufen. Er sagte teilnehmend: «Aber, aber, Herr Kandidat, warum so aufgeregt? In der Ruhe liegt die Kraft!» Der Prüfling stöhnte: «Herr Professor, mein Kopf ist wie eine Wüste!» «Nun», meinte PLANCK beruhigend: «Aber eine Oase wird auch in dieser Wüste sein.» Der Kandidat sah ihn erleichtert an: «Das sagen Sie so, Herr Professor. Aber ob die Kamele die Oase auch finden?»

Ach so!

Ein Medizinstudent wurde im Physikum gebeten, mit Hilfe der Molekulartheorie zu erklären, warum heiße Luft aufsteigt. Er antwortete: «Wenn ein Gas erwärmt wird, bewegen sich die Moleküle schneller. Aufgrund von Einsteins Relativitätstheorie nimmt die Masse eines Körpers mit der Geschwindigkeit zu. Die Dichte ist das Verhältnis von Masse zu Volumen. Die Masse nimmt also zu, daher nimmt die Dichte ab, und die heiße Luft steigt auf.»

Möglich

Ein Medizinstudent wurde in der Physikprüfung gefragt: «Was ist Reibungselektrizität?» Um dem stummen Studenten zu helfen, fragte RÖNTGEN weiter: «Denken Sie an die Straßenbahn – wo haben wir da Reibungselektrizität?» Der Student: «Am Bügel an der Stromleitung!» – «Und wenn der Bügel ausfällt?» – «Ja, dann ... reibt der Fahrer vielleicht mit der Kurbel!»

Logisch

Bei einer Physikprüfung schrieb der Professor die Gleichung $E = h\nu$ an die Tafel und fragte den Studenten: «Was ist h?» – «Die Plancksche Konstante.» – «Und ν?» – «Die Länge der Planke.»

Offene Frage

Ein Mathematikprofessor hatte einen für den Studenten wichtigen Termin vergessen. Nachdem der Student eine halbe Stunde in seinem Büro gewartet hatte, nahm er seinen Mut zusammen und ging zum Haus seines Lehrers. Dessen kleiner Sohn öffnete die Tür. «Wie kann ich deinen Vater zu fassen bekommen?» fragte der nervöse Student. «Das weiß ich nicht», antwortete der Junge, «er ist überall kitzlig».

Einsicht

«Ein Narr», seufzte der Mathematikprofessor gequält, «kann in wenigen Minuten mehr Fragen stellen, als ein Weiser in Stunden beantworten kann». Darauf hörte man einen Studenten kaum hörbar murmeln: «Kein Wunder, daß so viele von uns bei der Prüfung durchgefallen sind.»

Interesse

Als Max BORN von HILBERT in Mathematik geprüft werden sollte, fragte er ihn, wie er sich auf die Prüfung vorbereiten sollte. HILBERT fragte dagegen: «Auf welchem Gebiet fühlen Sie sich am schlechtesten vorbereitet?» – «Idealtheorie.» Da HILBERT sich dazu nicht weiter äußerte, nahm BORN an, er würde nicht dazu gefragt werden. Tatsächlich betrafen fast alle Fragen HILBERTs diese Theorie. «Ja, ja,» sagte er später, «mich interessierte einfach, was Sie über Dinge wissen, über die Sie nichts wissen.»

Tagungsbericht

Viktor WEISSKOPF wurde in der Doktorprüfung von FRANCK überrumpelt: «Wie ich höre, haben Sie vergangene Woche an einer Versammlung der Deutschen Physikalischen Gesellschaft teilgenommen. Können Sie uns davon berichten?» WEISSKOPF erzählte ihm, was er von der Tagung in Erinnerung hatte; FRANCK stellte keine weiteren Fragen.

Enttäuschung

HEISENBERGs Note im Hauptfach Physik setzte sich aus der Prüfung in Experimentalphysik (bei WIEN) und Theoretischer Physik (bei SOMMERFELD) zusammen. Der eine hatte ihn «bodenlos ignorant» gefunden, der andere hielt ihn für ein «einmaliges Genie». Das Ergebnis war die Note, mit der er gerade noch bestanden hatte. SOMMERFELD hatte aus Enttäuschung darüber nach der Prüfung gar nicht nach Hause gehen mögen. Als seine Frau ihn besorgt aus dem Institut abholte, murmelte er nur: «Der HEISENBERG hat einen Dreier».

Heisenberg verließ dann die kleine Feier, zu der SOMMERFELD eingeladen hatte, sehr bald und fuhr, zutiefst niedergeschlagen, noch in der Nacht zurück zu BORN, der ihm eine Stelle in Aussicht gestellt hatte. Auch BORN selbst fand die Prüfungsfragen «ziemlich schwierig»; HEISENBERG wurde sein Assistent.

Erleichterung

HEISENBERGs Vater hatte nach der mißglückten Prüfung James FRANCK gebeten, seinem Sohn Experimentalphysik beizubringen. Als HEISENBERG gelangweilt im Fortgeschrittenenpraktikum herumsaß, fragte ihn FRANCK: «Ist es Ihnen recht, wenn ich Sie aus meinem Praktikum hinauswerfe?» HEISENBERG schien erleichtert, und FRANCK sagte: «Gut, ich werfe Sie hinaus.»

Rollenspiel

Ein Schüler des noch jungen, aber schon berühmten HEISENBERG war bei einer Prüfung so vor den Kopf geschlagen, daß er nur feuchte Hände und ungeheure Angst spürte, aber kein Wort herausbrachte. «Nun», sagte HEISENBERG, «kommen Sie, wir vertauschen einmal Plätze und Rollen. Sie sind der Prüfende, ich der Prüfling. Seien Sie gnädig, damit sich die Nervosität des Prüfenden nicht auf den Prüfling überträgt. Und achten Sie auf meine Antworten, ich werde Fehler hineinpacken.» Das entspannte die Situation. Nach kurzer Zeit schon waren die Rollen wieder richtig verteilt und der Prüfling bestand.

Testfrage

HEISENBERG prüfte einen Kandidaten in theoretischer Physik. Er war mit dessen Kenntnissen sehr zufrieden und bat ihn zum Schluß, den Bau des Mikroskops zu erklären. HEISENBERG schien gar nicht verwundert, als der Student das nicht konnte, sondern beschrieb ihm den Strahlengang und gab dem Kandidaten die beste Note. Später erklärte

HEISENBERG sein Verhalten: Diese Frage hatte ihn selbst bei seiner eigenen Doktorprüfung in arge Verlegenheit gebracht.

Kapitel 4
«Was Einstein sagt, ist gar nicht so dumm.»

Selbsterkenntnis

EINSTEIN sagte einmal: «Ein Wissenschaftler ist eine Mimose, wenn er selbst einen Fehler gemacht hat, und ein brüllender Löwe, wenn er bei anderen einen Fehler entdeckt.»

Hilfsmittel

Fritz HOUTERMANS entwickelte als außerplanmäßiger Professor eine Theorie der Methoden, die zur Berufung zum Professor führen. Man wird danach mit folgenden Hilfsmitteln Professor:

1. Mit dem Kopf
   a) mit dem eigenen: – indem man etwas Besonderes leistet (diese Methode führt selten zum Erfolg)
   b) mit dem eines anderen: – indem man abschreibt.
2. Mit dem Gegenteil
   a) mit dem eigenen: – indem man lange genug darauf sitzt
   b) mit dem eines anderen: – indem man hineinkriecht.
3. Mit einem der Imagination überlassenen, dritten Körperteil
   a) mit dem eigenen: – indem man eine Professorentochter heiratet
   b) mit dem eines anderen: – indem man der Sohn eines Professors ist.

Auf die Frage, welche Methode für ihn selbst zuträfe, antwortete er ohne lange Überlegung: «Es wird wohl 2a gewesen sein!»

Respekt

Wolfgang PAULI hatte wohl vor keinem Wissenschaftler größere Hochachtung als vor SOMMERFELD, den er auch noch mit «Herr Geheimrat» ansprach, als er schon sein Kollege war. Viktor WEISSKOPF erzählt dazu: «Wenn Geheimrat SOMMERFELD nach Zürich kam, war es komisch, PAULI zu beobachten. PAULI saß dann ganz ruhig da, die Hände auf dem Tisch, wie ein Schüler in der Schule und sagte, wenn SOMMERFELD etwas fragte: ‹Ja, Herr Geheimrat, nein, Herr Geheimrat, das ist vielleicht nicht ganz so, wie Sie es ausdrücken.›»

Selbstbewußtsein

PAULI scheute bei allem Respekt vor SOMMERFELD nicht davor zurück, ihn zurechtzuweisen, als dieser eine brieflich geäußerte Idee seines ehemaligen Schülers ohne Hinweis auf den geistigen Miturheber publizierte. PAULI schrieb ihm: «Sollte ich einmal zu faul sein, eine Sache selbst zu publizieren oder dies aus irgendwelchen Bedenken nicht gerne tun wollen, sollte ich es aber dennoch ganz gerne sehen, wenn diese Sache allgemein bekannt wird, so werde ich es Ihnen brieflich mitteilen.»

Nicht zu schnell

«Es stört mich nicht», sagte PAULI zu einem Physiker, «wenn Sie langsam denken. Aber ich habe etwas dagegen, wenn Sie schneller veröffentlichen, als Sie denken.»

Bedauerliche Begabung

Gelegentlich wurde PAULI wegen seiner scharfen Kritik auch offen kritisiert. So riet der allseits verehrte James FRANCK dem damals noch jungen PAULI, seine Unbekümmertheit etwas zu dämpfen. Sonst könnten «diejenigen, die Ihre Begabung zu schätzen wissen, bedauern, daß diese Begabung gerade auf Sie gefallen ist.»

Gar nicht so dumm

Selten nur hatte PAULI etwas Anerkennendes zu sagen, doch selbst dann konnte es zu einem Schlag ins Gesicht werden. Als junger Student sagte er nach einem Seminarvortrag des zwanzig Jahre älteren EINSTEIN: «Was EINSTEIN sagt, ist gar nicht so dumm.»

Ganz ungebunden

Niels BOHR erhielt einen Brief von PAULI, den zu beantworten ihm schwer fiel. Er bat seine Frau, PAULI zu schreiben, er selbst werde ihm am Montag schreiben. Zwei Wochen später schrieb PAULI an Frau Bohr, wie weise BOHR gewesen sei, als er hatte mitteilen lassen, er werde Montag schreiben, aber nicht an welchem. Er brauche sich keineswegs an Montag gebunden zu fühlen.

Schon unbekannt

Einen Emporkömmling unter den Physikern erklärte PAULI einmal für «so jung und schon unbekannt».

Nicht einmal falsch

Wenn PAULI an einem Gedanken oder einer Theorie überhaupt keinen Gefallen fand, sagte er: «Nicht einmal falsch.»

Im Ernst?

PAULI wurde gefragt, ob nicht auch Otto STERN gelegentlich an zuviel Paulischer Kritik Anstoß nehmen könnte. PAULI erwiderte: «Nein, der nimmt mich nicht ernst». Dann fügte er hinzu: «FRANCK macht mich unmöglich, indem er mich ernst nimmt!»

Umkehrschluß

EHRENFEST war 1918 ein hoch angesehener und bewunderter Physiker; mit seiner Frau hatte er zur selben Zeit den Artikel über statistische Mechanik in der *Enzyklopädie der mathematischen Wissenschaften* veröffentlicht, in der auch PAULIs Artikel über Relativitätstheorie erschienen war. Als PAULI einen Vortrag EHRENFESTs häufig mit kritischen Kommentaren unterbrochen hatte, ging EHRENFEST nachher zu PAULI und sagte: «Herr PAULI, ich muß schon sagen, Ihr Artikel gefällt mir besser als Sie selbst!» Worauf PAULI erwiderte: «Bei mir, Herr Professor, ist es gerade umgekehrt.»

Casimir ist der Geschichte dieser Geschichte auf den Grund gegangen (Phys. Bl. 48, 1992, Nr. 23). Danach schaute EHRENFEST PAULI vor Beginn des Kolloquiums durchdringend an und sagte: «Ihr Gesicht gefällt mir weniger als Ihre Arbeiten», worauf PAULI grinste und die berühmte Antwort gab.

Fehlerlos

BOHR war um eine Beurteilung einer Arbeit gebeten worden, die ein Mitarbeiter eines Kollegen geschrieben hatte. Er schrieb in seinem Begleitbrief: «Nach eingehender

Durchsicht fand ich in der mir vorgelegten Arbeit nicht einen einzigen Fehler. Andererseits ist sie auch in keiner Weise verrückt genug, um überhaupt keinen Fehler haben zu können.»

Wer ist es?

SOMMERFELD soll einmal in der Vorlesung gesagt haben: «Wirklich verstehen in Deutschland die Relativitätstheorie nur zwei. Der andere ist EINSTEIN.» In einer Variante ist die Zahl der wirklich Wissenden um eins größer, und es ist EDDINGTON, der fragt: «Wer ist der dritte?»

Wer arbeitet ...

An einer langwierigen Konferenz über Kreiselfragen nahmen auch Felix KLEIN und Arnold SOMMERFELD teil. Nach SOMMERFELDs Vortrag reichte KLEIN ihm ein Frühstücksbrot: «Du sollst dem Ochsen, der da drischt, nicht das Maul verbinden.»

Ausgleich

Felix KLEIN behauptete einmal bei einem Mittagessen in Göttingen: «Mit 30 Jahren ist man auf der Höhe, von da ab wird man immer dümmer.» Der ihm gegenübersitzende jüngere Walther NERNST meinte: «Im Gegenteil, ich werde immer klüger.» Darauf KLEIN: «Dann werden wir uns ja bald gleich sein.»

Ungeduld

Als KLEIN, schon ein alter Herr, einem jungen Kollegen einen Vorschlag machte, wie er weiterarbeiten solle, dieser ihn aber nicht sofort annahm, entließ KLEIN ihn mit den Worten: «Ich bin ein alter Mann, ich kann nicht warten.»

Logik

In Göttingen gab es, so witzelte man, zwei Arten von Mathematikern: jene, die tun, was sie wollen und nicht, was KLEIN will, und jene, die tun, was KLEIN will, und nicht, was sie wollen. Das scheint zu einem Paradoxon zu führen, da ja KLEIN keiner der Gruppen angehören kann, ohne zugleich auch der anderen anzugehören. Die Lösung aber ist: KLEIN ist kein Mathematiker.

Kollegialität

HILBERT und MINKOWSKI arbeiteten eng zusammen. HILBERT erzählte: «Die kleine Stadt erleichterte unseren Verkehr. Ein Telephonruf zur Vermittlung einer Verabredung oder ein paar Schritte über die Straße und ein Steinchen an die klirrende Scheibe des kleinen Eckfensters seiner Arbeitsstube – und er war da, zu jeder mathematischen oder nicht mathematischen Unternehmung bereit.»

Universal-Physiker

Lew LANDAU hielt mit seiner Meinung nicht zurück und schien sogar, ähnlich wie PAULI, Vergnügen daran zu finden, wenn er seine Schüler und Kollegen streng, sogar nörglerisch behandelte. Man mußte sich «durch LANDAU hindurchschlagen». Wenn eine Arbeit vor ihm bestanden hatte, galt sie als tadellose Leistung. Die Sicherheit seiner Kritik beruhte vermutlich auf seinem ausgeprägten Selbstbewußtsein. So sagte er in den dreißiger Jahren: «Ich bin einer der wenigen Universal-Physiker», und nach dem Tode Fermis: «Ich bin der letzte Universal-Physiker».

Kriterium

Lew LANDAU wurde einmal gefragt, welche seiner Arbeiten er für die beste hielt. «Die Theorie der Suprafluidität», antwortete LANDAU, «weil sie bis jetzt niemand richtig versteht.»

Bekehrung

Lew LANDAU störte sich nicht an dem, was über seine Schärfe erzählt wurde. An der Tür seines Arbeitszimmers hatte er einen Zettel mit der Aufschrift: «Vorsicht – bissig!» befestigt. Später wurde er sanfter und weniger kämpferisch. In den vierziger Jahren sagte er oft: «Ich bin jetzt Christ geworden und fresse keinen mehr auf.»

Klassifikationen

Lew LANDAU liebte das Klassifizieren und schrieb allem, Arbeiten, Mädchen, Filmen, Physikern einen Wert zwischen 1 und 5 zu. Bei den Physikern reservierte er für EINSTEIN allein eine halbe Klasse, außerdem gehörten für ihn BOHR, SCHRÖDINGER, DIRAC und FERMI in die erste Klasse. Sich selbst ordnete er zuerst der zweieinhalbten, später der zweiten Klasse zu. Dabei bewertete er die Tätigkeit nach einer logarithmischen Skala: Ein Physiker einer Klasse leistet also zehnmal weniger als der der vorhergehenden. Die fünfte Klasse gehörte den Pathologen.

Wunderschön

HILBERT, auf den die Klassenkörpertheorie zurückgeht, hörte einmal interessiert zu, als davon berichtet wurde. Er stellte viele verständige Zwischenfragen und war sichtlich beeindruckt. Schließlich platzte er heraus: «Ja, das ist ja wirklich ganz wunderschön. Wer hat denn das eigentlich gemacht?»

Neidlos

HILBERT verfolgte 1914 mit großem Interesse die Arbeit EINSTEINs zur allgemeinen Relativitätstheorie und arbeitete selbst auf dem Gebiet. Er hatte seine Arbeit «Die Grundlagen der Physik» fast zur selben Zeit in Göttingen eingereicht, zu der EINSTEIN «Die Feldgleichungen der Gravitation» in Berlin vorlegte; in diesen Arbeiten wurde im wesentlichen dieselbe Aufgabe gelöst, wenn auch auf verschiedenen Wegen. Es kam jedoch nie zu einem Prioritätsstreit. Offen erkannte HILBERT an, daß EINSTEIN die entscheidenden Gedanken gehabt hatte: «Jeder Straßenjunge in Göttingen versteht mehr von vierdimensionaler Geometrie als EINSTEIN», sagte er einmal. «Und doch hat EINSTEIN die Arbeit gemacht und nicht die Mathematiker.»

Verständlicher Grund

VAN DER WAERDEN hatte zum Abschluß seiner Gastprofessur in Göttingen seine Kollegen eingeladen. Carl Ludwig SIEGEL, der Göttinger Zahlentheoretiker, hatte aber keine Lust, daran teilzunehmen und schrieb, um sich lange Entschuldigungen zu ersparen, VAN DER WAERDEN kurz, er könne leider nicht kommen, weil er schon verstorben sei. Darauf sandte VAN DER WAERDEN ihm postwendend ein Beileidstelegramm, in dem er ihm seine tiefe Anteilnahme an diesem Schicksalsschlag ausdrückte.

Freudiges Ereignis

Ludwig BIERMANN erzählte von einer Arbeit des in den USA lebenden Astronomen MINKOWSKI, und es hörte sich so an, als ob er nicht mehr lebe. Jemand sagt: Aber der lebt doch noch! «So», sagt BIERMANN, «das freut mich aber für ihn.»

Aufrechter Gang

HILBERT war beispielhaft in seiner Einstellung zu Menschen: Bei der Wahl seiner Mitarbeiter zählte für ihn einzig und allein ihre Qualität als Wissenschaftler. Er reagierte völlig unerschütterlich auf allen Druck, jüdische Mitarbeiter zu entlassen. Als Sohn eines preußischen Richters war er wie der Müller von Sanssouci davon überzeugt, daß es in Preußen noch Richter gab. «Die sogenannten Juden hängen so an Deutschland,» sagte HILBERT einmal bedauernd, «aber wir übrigen würden gern gehen». Da er fast nur jüdische Mitarbeiter hatte, war er 1933 als Mathematiker in Göttingen fast allein. Als er einmal bei einem Bankett neben dem eben ernannten Erziehungsminister Rust saß, meinte der, das mathematische Leben in Göttingen habe doch wohl nicht darunter gelitten, daß sie vom jüdischen Einfluß befreit worden sei. «Jelitten?» fragte HILBERT. «Das hat nicht jelitten, das jibt es nicht mehr.»

Abhilfe

Schon 1924 war während einer Tagung der Gesellschaft Deutscher Naturforscher und Ärzte gefragt worden, was man gegen das merkliche Übergewicht der Juden tun solle und könne. PLANCK hatte geantwortet: «Auch auf den Hosenboden setzen und arbeiten».

Vertretung

Die neuen Machthaber hatten Max BORN 1933 verboten, Vorlesungen zu halten, und den Astronomen Otto HECK-MANN aufgefordert, die von BORN angekündigte Vorlesung über theoretische Optik zu halten. HECKMANN bat BORN um seine Meinung, und BORN sagte zunächst: «Sie werden das doch nicht mitmachen? Die Herren sollen doch in den Schwierigkeiten steckenbleiben, die sie sich selbst zuzuschreiben haben!» Am Abend stand BORN vor HECKMANNs Tür: «Halten Sie die Vorlesung. Den neuen Machthabern imponiert man doch nicht mit der schwachen Obduktion eines Vorlesungsausfalls.» HECKMANN leitete die Vorlesung mit einer Bemerkung über den Widersinn ein, einen Astronomen über Optik lesen zu lassen, wenn einer der großen Meister des Gebiets am Ort sei. Er werde sich genau an BORNs eben erschienenes Buch halten.

Einstellung

Einer der wenigen Besucher fragte HILBERT 1934: «Nun, Herr Geheimrat, wie geht es Ihnen?» – «Ich – nun, mir geht es nicht besonders. Es geht nur mit den Juden gut. Die Juden wissen, wo sie stehen müssen.»

Blutsverwandtschaft

Man sagte, in Göttingen gäbe es nur einen arischen Mathematiker, und in dessen Adern flösse jüdisches Blut: HILBERT hatte nämlich während seiner Krankheit einmal eine Bluttransfusion mit COURANTs Blut erhalten.

Kritik

SOMMERFELD war während der Franco-Ära bei CARARES, dem liebenswürdigen Senior der spanischen Chemie, eingeladen. Der sagte: «Früher sah man bei uns vor allem darauf, daß die Professoren reden konnten, jetzt verlangt man gediegenes Wissen». SOMMERFELD entgegnete: «Noch wichtiger als das Wissen ist das Können!»

Ambitionen

Als nach der Entnazifizierung für Pascual JORDAN in Hamburg ein Lehrstuhl geschaffen wurde, bat man PAULI um ein Empfehlungsschreiben. JORDAN hatte im Krieg eine kleine Sammlung von Vorträgen herausgegeben, in der unter anderem auch stand: «Die Ambitionen eines Gelehrten sollten nicht auf Lehrstühle gerichtet sein, sondern darauf, das Blut im Niemandsland zwischen Stacheldrahtverhauen zu vergießen.» PAULI schrieb JORDAN, er wolle ihm wohl ein Zeugnis ausstellen, nur müsse Jordan ihm versprechen, zukünftig seine Ambitionen auf Lehrstühle zu beschränken.

Treue

Gegenüber den deutschen Kollegen, die sich nicht vom «tausendjährigen Reich» distanziert hatten, war PAULI zwar nachsichtig, konnte aber gewisse Sticheleien doch nicht lassen. Als er hörte, daß Pascual JORDAN bereit war, als CDU-Abgeordneter in den Bundestag zu gehen, kommentierte er: «Ach, der gute JORDAN, er hat allen Regimen auf das Treueste gedient...».

Merkwürdig

PAULI hatte an der ETH kein eigenes Institut, sondern gehörte formal zum Physikalischen Institut, das SCHERRER leitete. So mußte er sich ab und zu wegen praktischer Dinge an SCHERRER wenden. Dazu kommentierte er: «Dieser SCHERRER ist merkwürdig. Wenn ich mich zum ersten Mal an ihn wende, dann sagt er mir: ‹PAULI, das will ich nicht hören!› Wenn ich ihn in der gleichen Sache nochmals anspreche, dann erwidert er: ‹PAULI, das habe ich schon gehört!›»

Irrtum

Als PAULI WEISSKOPF anbot, in Zürich sein Assistent zu werden, erzählte der sofort PEIERLS davon, der einige Jahre zuvor PAULIS Assistent gewesen war. Dieser sagte: «Wenn Sie das begehrenswert finden, irren Sie sich; PAULIS Assistent sein, das ist fürchterlich!» Nach einer Begründung gefragt, meinte er: «Das werden Sie schon sehen!» Und gab ihm gute Ratschläge.

Amtsantritt

WEISSKOPF erzählt von seinem ersten Besuch bei PAULI: «Da stand ich nun vor der großen Tür seines Arbeitszimmers, klopfte, und erhielt keine Antwort. Ich klopfte noch einmal. Wieder keine Antwort. Nach etwa fünf Minuten hörte ich ein barsches: ‹Was ist? Kommen Sie herein!› Ich öffnete die Tür und sah PAULI auf der anderen Seite des großen Zimmers an seinem Schreibtisch sitzen. Er schrieb und schrieb. Dann: ‹Wer sind Sie? Erst muß ich ixen.› Wieder wartete ich etwa fünf Minuten, bis er fragte: ‹Wer ist das?› – ‹Ich bin WEISSKOPF›. ‹Ach, WEISSKOPF, ja. Sie sind mein neuer Assistent.› Dann sah er mich an und sagte: ‹Ja, sehen Sie, ich wollte BETHE nehmen, aber BETHE arbeitet jetzt über Festkörper. Festkörper mag ich nicht, obwohl ich damit angefangen habe. Darum habe ich Sie genommen.› Ich fragte dann: ‹Was kann ich für Sie tun?› Er antwortete: ‹Ich gebe Ihnen gleich einmal eine Aufgabe. Gehen Sie an die Arbeit.› Nach etwa zehn Tagen kam er zu mir: Nun zeigen Sie mal, was Sie gemacht haben.› Ich zeigte es ihm, er schaute es an und rief: Ich hätte BETHE nehmen sollen!» Wahrscheinlich hatte er recht.»

Schon gesagt

PEIERLS hatte WEISSKOPF folgenden Rat gegeben: «Wenn Sie ein Kolloquium geben, machen Sie es so: Gehen Sie am Morgen des Kolloquiums zu PAULI und sagen Sie: «Herr Professor, ich möchte Ihnen gern berichten, was ich heute nachmittag sagen will» und dann erzählen Sie es ihm. Er fängt dann an zu schimpfen: «Dummheiten, gehen Sie nach Hause, gehen Sie doch!» Nehmen Sie das ruhig hin, Sie brauchen nicht einmal richtig zuzuhören; am Nachmittag halten Sie den Vortrag genau so, wie er vorbereitet ist. Dann passiert gar nichts, denn PAULI sitzt in der ersten Reihe, hört zu und murmelt vor sich hin:

«Nun ja, ich hab's ihm schon gesagt!» Das klappt jedesmal.»

Nicht gleich gesagt?

Als WEISSKOPF mit der Quantisierung der Mesonentheorie begann, versuchte er, PAULI, der gerade schlecht gelaunt war, ein Problem darzustellen. WEISSKOPF erzählte: «Ich versuchte, ihm zu sagen: ‹Hören Sie mal, Pauli, ich glaube, dies ist interessant!› aber er sagte: ‹Dummheit, Unsinn, gehen Sie weg.› Immer wieder versuchte ich es: ‹Bitte, ich möchte Sie etwas fragen!› – ‹Dumm, dumm!› Schließlich wurde ich ärgerlich und zitierte:

> ‹Ach Meister, warum soviel Eifer,
> Warum so wenig Ruh?
> Mich dünkt, euer Urteil wäre reifer,
> Hörtet Ihr besser zu.›

Er stutzte: ‹Was ist das?› – ‹Das ist von Richard Wagner, aus *Die Meistersinger*.› Er: ‹Wagner? Mag ich überhaupt nicht!› Dann war es natürlich aus, und ich mußte gehen. Zwei Tage später fing ich wieder an: ‹Schauen Sie, hier ist ein interessantes Problem.› Diesmal sagte er: ‹Ach, warum haben Sie das nicht gleich gesagt?› Damit begann eine wunderbare Zusammenarbeit. Wir konnten zeigen, daß Teilchenerzeugung und –vernichtung auch für Teilchen ohne Spin ohne Diracgleichung beschrieben werden können.»

Empfehlung

PAULI wurde einmal von einem jungen Mann um eine Empfehlung an EINSTEIN gebeten, bei dem der Bittsteller arbeiten wollte. PAULI schrieb ungefähr so: «Lieber Albert! Ich kann Dir Herrn Dr. X. wohl empfehlen, denn er ist ein sehr tüchtiger junger Mann. Er hat nur einen Fehler, nämlich den, daß er manchmal zwischen Mathematik und Physik nicht unterscheiden kann. Das sollte Dir aber nichts ausmachen, denn Du selbst bist ja auch schon fast an diesem Punkt angelangt...»

Gut beobachtet

Wenn PAULI die Meinung seines alten Freundes Walter BAADE, an der ihm sehr lag, erfahren wollte, bedachte er wohl, daß BAADE, wie beobachtende Astronomen überhaupt, kaum zum Lesen seiner Post kam, solange die Beobachtungsbedingungen günstig waren. PAULI schickte seine Postkarten deshalb so ab, daß sie zur Zeit des Vollmonds ankamen – dann ist der Himmel so hell, daß schwache Objekte nicht beobachtbar sind.

Brutal

H. FOWLER empfahl PAULI den Homi BHABHA als Mitarbeiter. Er hielt ihn für begabt, aber eigenwillig und aufsässig; seiner Meinung nach brauche er eine starke Hand. FOWLER schrieb deshalb: «You can be as brutal as you like.» Das gefiel PAULI über alle Maßen; er zeigte CASIMIR den Brief und wiederholte immerzu: «Ich darf so brutal sein, wie ich will!» Es ist offen, ob FOWLER vorhergesehen hatte, daß diese Empfehlung die beste Grundlage für eine Freundschaft mit PAULI legen würde, aber Freunde wurden sie.

Versuch

Als PAULI Markus FIERZ zu seinem Assistenten gewählt hatte, sagte er ihm: «Ich weiß, Sie sind nicht so erfahren wie CASIMIR oder WEISSKOPF, aber ich will es mit Ihnen versuchen.»

Gefälligkeit

Einer von ZIEGLERs Assistenten hatte auf seine Empfehlung hin eine Stelle erhalten. Als ein Brief Anerkennendes über die Fähigkeiten dieses Mannes enthielt, sagte ZIEGLER: «Zuerst dachte ich, ich tue *ihm* einen Gefallen. Jetzt merke ich, daß ich *denen* einen Gefallen getan habe.»

Assistentenlohn

Walter GERLACH meinte, das Recht zu schimpfen mache einen Teil der Besoldung des Assistenten aus.

Assistentenpflicht

PAULI zählte es zu den Pflichten des Assistenten, ihm jedesmal, wenn er etwas sagte, mit den stärksten Argumenten zu widersprechen. Diese Fähigkeit wurde besonders auf die Probe gestellt, wenn PAULI bei seinen regelmäßigen Besuchen im Eis-Salon von allzu großem Verzehr abgehalten werden mußte.

Verschlossen

Bei der Berner Konferenz, die 1955 fünfzig Jahre Relativitätstheorie feierte, hielt der Relativitätstheoretiker PAPAPETROU einen Vortrag über Uhren in Gravitationsfeldern. PAULI sagte danach: «Man müßte PAPAPETROU in Papageno umbenennen» und deutete durch eine Gebärde an, er dächte daran, ihm, wie jenem, ein Schloß vor den Mund zu hängen.

Vorsichtsmaßnahmen

JORDAN ließ PAULI durch den Verlag ein Exemplar seines Buches *Schwerkraft und Weltall* zukommen. Als PAULI das Buch öffnete, enthielt der Band nur leere Seiten – der Verlag hatte ihm versehentlich einen Blindband zugesandt. PAULI war sehr belustigt und schrieb JORDAN, er habe wohl deshalb ein leeres Buch erhalten, damit er es selbst schreibe, also nichts zu kritisieren habe.

So jedoch hatte JORDAN es wohl nicht gemeint. Er schrieb 1953, als ein Kritiker das Fehlen eines Beweises bemängelte, der aber im Buch stand: «Ich glaube eine nützliche Anregung auszusprechen, wenn ich empfehle, daß man vor Abfassung einer Buchbesprechung sich das betreffende Buch etwas ansehen sollte. Ich gebe aber zu, daß die von meinem Kritiker bevorzugte Methode den Vorteil größerer Zeitersparnis hat.»

Was bleibt

Der Göttinger Physiker KÄSTNER wurde gebeten, das Buch eines Kollegen zu beurteilen. Er sagte: «Ich werde es an die Wand werfen. Was gut ist, bleibt kleben, was runterfällt, taugt nichts.» Er warf das Buch an die Wand: «Sie sehen, meine Herren, nichts an dem Buch ist gut.»

Vielleicht schrieb KÄSTNER deshalb über dieses Buch: «Das Buch ist auf das schlechteste Papier gedruckt – schade um das schöne Papier.»

Druck und Papier

PAULI hatte es trotz seiner Abneigung gegen die Matrizen-rechnung Anfang 1926 geschafft, die schwierige Bestimmung der Energieniveaus des Wasserstoffatoms mit Hilfe dieses Formalismus durchzuführen; es schien aussichtslos, diesen Kraftakt auf das Helium-Atom zu übertragen. 1930 veröffentlichten BORN und JORDAN ein Buch, das allein auf Matrizenrechnung beruhte. PAULI schrieb in seiner Rezension: «Viele der Ergebnisse der Quantentheorie lassen sich in der Tat auf keine Weise mittels dieser sogenannten elementaren Verfahren herleiten, andere nur sehr umständlich und indirekt. (Zu diesen letzteren gehört zum Beispiel die Bestimmung der Balmer-Terme, die entsprechend den in einer früheren Arbeit von PAULI ausgeführten Gedanken bestimmt werden. Man kann dem Rezensenten also nicht vorwerfen, er fände die Trauben sauer, weil sie zu hoch hingen.)» Die Rezension schloß mit dem Satz: «Druck und Papier sind ausgezeichnet.»

Stellungnahme

PAULI hatte in einem Kolloquium über die Spinortheorie HEISENBERGs berichtet, von der er zunächst begeistert war; BOHR beteiligte sich nicht an der Diskussion, deshalb bat PAULI ihn um eine Stellungnahme. BOHR zuckte die Achseln: «Was soll ich sagen? Die Theorie ist verrückt genug.»

Einzelheiten

PAULI war erschrocken, als er hörte, HEISENBERG habe in einer Rundfunksendung behauptet, eine einheitliche

PAULI-HEISENBERG-Theorie stehe kurz vor der Vollendung, und es blieben nur noch einige technische Einzelheiten auszuarbeiten. Erregt über das, was er als Übertreibung empfand, schickte er einigen Kollegen eine Karte, auf die er einen leeren Rahmen skizziert hatte, und schrieb dazu: «Dies soll der Welt zeigen, daß ich wie Tizian malen kann. Es fehlen nur technische Einzelheiten.»

Botschaft

EHRENFEST schrieb in Anspielung auf PAULIs ungehemmte Kritikfreudigkeit an einen Kollegen: «Sie haben ja nun den PAULI bei sich in Hamburg – diese Geißel Gottes.» PAULI erzählte dies gern unter Freunden und fügte mit Vergnügen hinzu: «Er ist also bereit, einen göttlichen Auftrag in meiner Kritik anzuerkennen.»

Existenzfrage

Helmut HASSE führte im Namensverzeichnis seiner Vorlesungen über Zahlentheorie auch «Gott» an und verwies auf Seite 1. Dort steht KRONECKERs berühmte Bemerkung: «Die ganzen Zahlen hat Gott gemacht, alles andere ist Menschenwerk.» Als 1953 eine russische Übersetzung erschien, fehlte dieser erste Absatz. Man sagte HASSE 1963 bei einem Besuch in Moskau, die staatlichen Herausgeber ausländischer Literatur hätten diesen Absatz gestrichen, weil es keinen Gott gäbe.

Der moderne Prophet

Auf einem Solvay-Kongress diskutierten die jungen Physiker DIRAC, HEISENBERG und PAULI in einem Hotel-

Foyer über Religion. Dabei zeigte HEISENBERG für Religion als eine Erfüllung der mystischen Bedürfnisse der Menschen ein gewisses Verständnis, während DIRAC all dies verneinte und eher die Meinung vertrat: «Religion ist Opium für das Volk». Als HEISENBERG PAULI veranlassen wollte, auch seinen Standpunkt darzutun, bemerkte PAULI nur: «Jetzt versteh' ich's. Es gibt keinen Gott, und DIRAC ist sein Prophet.»

Kontinuität

Die Nachfeier der Emeritierung von Wilhelm LENZ fand wie viele Hamburger Physikerfeiern damals im beliebten Restaurant des Hamburger Dammtorbahnhofs statt. LENZ verstand es wunderbar, mit seiner Zigarre Rauchringe zu blasen und diese sich sogar über Sessellehnen legen zu lassen. Sein viel jüngerer Nachfolger Harry LEHMANN konnte zur Verwunderung und Freude aller Anwesenden fast genau so schöne Ringe mit der Zigarette blasen – die Kontinuität war gesichert.

Anthropomorphismus

JORDAN erwog, ohne bei seinen Kollegen auf große Resonanz zu stoßen, eine Theorie, nach der die Masse des Weltalls ständig zunahm. Als bei der Konferenz anläßlich der 50-Jahrfeier der allgemeinen Relativitätstheorie 1955 in Bern die Frage aufkam, wieso gerade JORDAN sich für eine solche Theorie interessierte, sagte PAULI, dessen Leibesumfang sich hinter dem von JORDAN kaum verstecken konnte: «Das ist reiner Anthropomorphismus!»

Endlich allein

Als Engelbert SCHÜCKING Anfang der sechziger Jahre Assistent von HECKMANN war, sollte er mit ihm zu einer Konferenz in die USA fahren, um seinem damals noch wenig mit dem Englischen vertrauten Chef zu «spicken». Die für einen Assistenten relativ große Schückingsche Familie war verreist, und seine gewöhnlich auch mit Freunden gefüllte Wohnung war deshalb ausnahmsweise leer. Diese Ruhe gefiel ihm so gut, daß er einfach nicht zur Konferenz fuhr.

Unverständnis

EINSTEIN kritisierte einmal die von Niels BOHR aufgestellten Quantenbedingungen. Er verstehe nicht, wie ein Elektron den Kern umlaufen könne, ohne zu strahlen, und dann unter Ausstrahlung der Energie $h\nu$ auf eine andere Bahn springen könne. BOHR war verschnupft, als er das hörte, und meinte: «Das ist ja gerade so, wie wenn ich sagen würde, ich verstünde die Relativitätstheorie nicht.»

Spricht für sich

Das von dem polnischen Physiker INFELD verfaßte Buch *Die Evolution der Physik*, bei dem EINSTEIN Mitautor war, wurde mit großem Interesse erwartet und entsprechend angekündigt. Als ein Reporter der New York Times EINSTEIN um einige Worte zum neuen Buch bat, erwiderte der abweisend: «Was ich über das Buch zu sagen habe, steht in dem Buch.»

Motivation

Felix KLEIN hatte BOLTZMANN gebeten, einen Enzyklopädieartikel zu schreiben, aber BOLTZMANN hatte sich lange geweigert. Schließlich drohte KLEIN: «Wenn Sie ihn nicht machen, übergebe ich ihn dem ZERMELO.» Dessen Meinung war, wie BOLTZMANN wußte, eine ganz andere als die seine. BOLTZMANN antwortete KLEIN umgehend: «Ehe der Pestalutz es macht, mache ich's.»

Kapitel 5
«Na, Herr Kollege, da haben Sie ja noch Chancen!»

Revision

Zwischen Albert EINSTEIN und Walther NERNST entstand einmal bei einem Kolloquium der Deutschen Physikalischen Gesellschaft eine hitzige Diskussion, bei der ihre schroff entgegengesetzten Meinungen aufeinanderprallten. Bei einem der nächsten Kolloquien kam derselbe Punkt wieder zur Sprache, und EINSTEIN trug eine Meinung vor, die dem von NERNST vertretenen Standpunkt außerordentlich nahe lag. NERNST sagte daraufhin: «Aber Herr Kollege, Sie sagen ja heute genau das Gegenteil von dem, was Sie vor einigen Wochen gesagt haben.» EINSTEIN erwiderte freundlich lächelnd: «Aber Herr Kollege, was kann ich denn dafür, daß der liebe Gott die Welt nicht so gemacht hat, wie ich es mir vor vier Wochen vorstellte?»

Chancen

Nach einem Kolloquium, in dem Hans KOPFERMANN von Experimenten zur Bestimmung der Planckschen Konstante berichtet hatte, stellte NERNST einige Fragen. Man wußte, daß er selbst 1932, als die Quantentheorie längst allgemein akzeptiert wurde, noch Zweifel hatte. Nachdem KOPFERMANN seine Fragen hinreichend beantwortet hatte, sagte NERNST laut zu dem neben ihm sitzenden Max PLANCK: «Na, Herr Kollege, dann haben Sie ja noch Chancen!»

Bedauerlich

Am Ende seines gut besuchten Referats bemerkte der Vortragende: «Wenn ich es recht bedenke, gibt es nur einen, der eine Chance hatte zu erfassen, worum es mir eigentlich ging – und der ist in Südamerika.»

Offensichtlich

Einmal unterbrach HILBERT den Vortragenden: «Mein lieber Kollege, ich fürchte sehr, daß Sie nicht wissen, was eine Differentialgleichung ist.» Verblüfft und gedemütigt verließ der den Hörsaal und ging ins Nebenzimmer, in dem sich die Bibliothek befand. «Das hätten Sie wirklich nicht tun sollen», wurde HILBERT gescholten. «Aber er weiß wirklich nicht, was eine Differentialgleichung ist. Sie sehen ja, er ist ins Lesezimmer gegangen, um es nachzuschlagen!»

Ausnahme

Nach einem Vortrag in Göttingen (man sagt, Norbert WIENER habe ihn gehalten) waren die Kollegen wie üblich zur Nachsitzung zum *Roons* hinaufgewandert. Beim Essen begann HILBERT über den Verfall der Vortragskunst zu klagen, den er in seiner Göttinger Zeit beobachtet habe. «Früher hat man lange über einen Vortrag nachgedacht, und dann waren die Vorträge auch gut. Jetzt aber glaube ich, werden wohl die schlechtesten Vorträge der Welt in Göttingen gehalten. In diesem Jahr war es besonders schlimm. Nein, ich habe überhaupt keinen guten Vortrag mehr gehört. In letzter Zeit war es besonders schlimm. Aber heute nachmittag, da war eine Ausnahme.» Während

WIENER sich innerlich auf das Kompliment vorbereitete, schloß HILBERT: «Der Vortrag heute nachmittag war der schlechteste, den wir je hatten.»

Vorteil

HILBERT fragte einmal in einer öffentlichen Vorlesung: «Wissen Sie, warum EINSTEIN die originalsten und tiefsten Gedanken zu Raum und Zeit in unserer Generation hatte? Weil er überhaupt nichts über die Philosophie und Mathematik von Zeit und Raum gelernt hatte.» Hier jedoch irrte HILBERT, denn EINSTEIN hatte in Bern die Bücher POINCARÉS gelesen.

Zu lang?

Nach einem Vortrag, in dem es EINSTEIN gelungen war, knifflige theoretische Aspekte und komplizierte Gedankengänge verständlich darzustellen, war der Applaus lang und herzlich. Jemand sagte, noch applaudierend: «Nur zu lang hat er gesprochen.» Da bemerkte sein Nachbar – es soll Max PLANCK gewesen sein: «Wieso zu lang? Sie sind nur zu kurz geraten für so etwas.»

Dummköpfe

Als Doktorvater beruhigte ZIEGLER einmal einen jungen Mitarbeiter, der vor seinem ersten wissenschaftlichen Vortrag sehr verängstigt war: «Wenn Sie Ihren Vortrag halten und auf die vor Ihnen sitzenden Personen schauen, dann denken Sie, daß diese Herren alle Dummköpfe sind und von dem, was Sie sagen, überhaupt nichts verstehen; und dann bin *ich* ja auch noch da.»

Preisfrage

Die Deutsche Physikalische Gesellschaft erwog, einen Geldpreis für eine Aufgabe auszusetzen, die jüngeren Physikern zu stellen sei, und suchte nach einer geeigneten Aufgabe. Als die Nachfolge auf dem Lehrstuhl eines namhaften Physikers einem nicht besonders arrivierten Physiker angetragen worden war, sagte der damalige Präsident RAMSAUER: «Nun ist endlich eine Aufgabe gefunden: Warum hat dieser Herr den Lehrstuhl bekommen? Für eine gute Arbeit darüber würde ich gern RM 3000 oder auch 5000 zahlen.» Nach einer Pause fügte er hinzu: «Wahrscheinlich ist die beste Lösung zu sagen, er sei ein pragmatischer Physiker, dann weiß niemand, was das ist.»

Renommee

Nach dem ersten Weltkrieg bereitete die Neuordnung des wissenschaftlichen Zeitschriftenwesens der Deutschen Physikalischen Gesellschaft große Probleme. An einer Sitzung in Berlin konnten wegen der chaotischen Verkehrsverhältnisse nur die ortsansässigen Vorstandsmitglieder teilnehmen. Als später von auswärtigen Mitgliedern gegen den Beschluß Einwände erhoben wurden, bekannte sich EINSTEIN dazu, ein Berliner zu sein: «Aus der Ferne sieht alles schief und suspekt aus, besonders wenn es von den verflixten Berlinern kommt! Und doch sind wir (beinah) alle sanft wie Lämmer und verschüchtert durch unser böses Renommee!»

Randbedingungen

Als SOMMERFELD beim Physikalischen Kolloquium in Göttingen etwas an die Tafel schreiben wollte, «ging die

Kreide nicht an». Aus dem übervollen Hörsaal kam ein Zuruf: «Herr Geheimrat, etwas weiter einrücken!» Nun klappte es. Da drehte sich SOMMERFELD nochmal um: «Aha, eine Tafel mit Randbedingungen!» und erhielt tosenden Beifall.

Wirkung

NERNST hielt bei der 90-Jahrfeier der Deutschen Physikalischen Gesellschaft 1935 eine launige Ansprache zu Ehren PLANCKs, die in dem Vorschlag gipfelte, nicht mehr von einem Quant, sondern von einem Planck zu sprechen.

Akustik

Von LAUE wollte einen Kollegen auf die tückische Akustik des großen Hörsaals aufmerksam machen, in dem er einen Vortrag zu halten hatte. Mit einem Blick auf das Haar des Gastes sagte er: «Der Hörsaal hat nur dann eine gute Akustik, wenn junge Leute wie Sie darin sitzen. Bei uns Älteren reflektiert das oben zu sehr.»

Rache

Ein Gast hatte im Göttinger Kolloquium einen schlecht vorbereiteten Vortrag gehalten. Am Schluß sagte er in Erkenntnis der Lage: «Ich habe hier schon sehr schlechte Vorträge gehört. Aber heute habe ich mich gerächt.»

Unsinn

Bei Kolloquien war PAULI oft ziemlich unausstehlich, weil er ein Drama aus ihnen machte. Immer saß er in der ersten Reihe, und wenn ihm eine Aussage nicht gefiel, stand er auf und sagte zu jedem, berühmt oder nicht: «Das ist falsch! Gehen Sie nach Hause. Sie haben sich gar nicht vorbereitet, solcher Unsinn, wie können Sie solchen Unsinn erzählen!»

Folgerung

In der Zeit gleich nach dem zweiten Weltkrieg wurde aus dem Physikalischen Kolloquium in Zürich zeitweilig ein bloßer «Journal-Club», wo meist Assistenten über Artikel referieren mußten, die die Professoren interessierten. Einmal wollte PAULI etwas über die experimentellen Aspekte einer neuen Entwicklung hören. Der Assistent, dem die Aufgabe zufiel, war zwar vom Fach ein Experimentator, begann seinen Vortrag jedoch mit ein paar theoretischen Ansätzen. PAULI sagte daraufhin: «Herr M., Ihre erste Gleichung ist zwar falsch, aber daraus folgt Ihre zweite noch längst nicht ...»

Wissensdurst

PAULI war ein brillianter Vortragender, wenn er seinen Vortrag vorbereitet hatte. Bei einer Einladung WIGNERs zum Kolloquium in Princeton sprach er jedoch unvorbereitet. Die Zuhörerschaft wurde unruhig. WIGNER fühlte sich für den Vortrag verantwortlich und wollte helfend eingreifen. Da PAULI die mathematischen Symbole nicht definiert hatte, meinte WIGNER, ihre Erklärung würde das Verständnis erleichtern. «PAULI», sagte WIGNER, «könnten Sie uns nochmals sagen, was das Symbol a bedeutet?» (Das «nochmals» war reine Höflichkeit. Er hatte die Größe nicht definiert.) PAULI war durch die Frage zunächst vollkommen verwirrt und stand einige Sekunden sprachlos da.

Dann erholte er sich. «WIGNER», sagte er, «Sie wollen aber auch alles wissen.»

Tabula rasa

Als Robert OPPENHEIMER einmal an der Universität von Ann Arbor einen Seminarvortrag hielt, hatte er die Wandtafel mit Gleichungen bedeckt, als plötzlich PAULI aufsprang, einen Schwamm ergriff und die Tafel leerwischte, wobei er sagte, das sei ja alles Unsinn. Das wiederholte sich noch zweimal, bis schließlich Hendrik KRAMERS dazwischen trat und ihm befahl, sich hinzusetzen und den Mund zu halten. Was PAULI auch tat.

Bedauern

Als im Institut in Princeton der spätere Nobelpreisträger Frank YANG einen Vortrag über Eichinvarianz hielt, hatte YANG kaum begonnen, als PAULI ihn mit der Frage unterbrach: «Was ist die Masse des (Teilchens)?» YANG erwiderte, das sei ein kompliziertes Problem, und er habe noch keine endgültige Antwort gefunden. «Das ist keine Entschuldigung», sagte PAULI. YANG, als Chinese immer ein Muster an Höflichkeit und Reserviertheit, war so verblüfft, daß er sich setzen und sammeln mußte. Am nächsten Tag fand PAULI eine Notiz in seinem Briefkasten: «Ich bedauere», schrieb YANG, «daß Sie es mir fast unmöglich gemacht haben, nach dem Seminar mit Ihnen zu sprechen.»

Formfrage

Während eines Kolloquiums wurde PAULI immer unruhiger. Er rutschte auf seinem Stuhl hin und her, ein bekannt gefährliches Zeichen. Kaum hatte der Redner geendet, als PAULI aufstand und erklärte, der Vortrag habe überhaupt keinen Wert, und wenn der Redner im Auditorium gesessen hätte, würde er genauso denken. Der Vortragende wurde rot, bewahrte aber Contenance und erwiderte lächelnd: «Das mag sein, aber ich hätte das sicher in etwas höflicherer Form gesagt.»

Berechtigte Frage

Bei einer großen Konferenz stellte RADICATI 1964 die SU(6)-Gruppe vor, die Symmetrien der Quarks und den neuen Leitgedanken der *bootstrap*-Theorie beschreibt. Man war hellbegeistert, dankte RADICATI und alle schienen beglückt. Die in der Diskussion gestellten Fragen und kritischen Bemerkungen waren eher harmlos. Dann meldete sich WIGNER: «Bitte entschuldigen Sie mein Unwissen. Was ist eigentlich mit *bootstrap* gemeint?»

Frage?

Nach einem Kolloquiumsvortrag von DIRAC eröffnete der Vorsitzende die Diskussion: «Haben Sie Fragen an den Vortragenden?» Ein Hörer begann seine Ausführungen: «Ich habe nicht verstanden ...». DIRAC schwieg. Der Vorsitzende wandte sich an ihn: «Wollen Sie die Frage nicht beantworten?» DIRAC: «War es eine Frage? Ich hielt es für eine Bemerkung.»

Begegnung

Bei der großen Triester Konferenz «The Physicist's Concept of Nature» trafen sich im Herbst 1972 wohl alle bedeutenden noch lebenden Physiker, die an der Entwicklung der Quantenmechanik beteiligt waren.

VAN DER WAERDEN hielt ein Referat über einen Aspekt der Geschichte der Quantenmechanik, der sich aus einem Brief von PAULI an Pascual JORDAN ergab. Aus der vor Beginn verteilten Zusammenfassung ging zwar hervor, daß PAULI eine kritische und eher abfällige Bemerkung über eine Arbeit von Cornelius LANCZOS gemacht hatte, aber es blieb zunächst unklar, wie VAN DER WAERDEN diese Meinung beurteilte. LANCZOS, damals schon ein alter Herr, war unter den Zuhörern. Sein Nachbar konnte die Spannung spüren, mit der er dem Vortrag folgte, und auch, wie sie stieg, als VAN DER WAERDEN seine eigene Stellungnahme an das Ende des Vortrags verschob. Schließlich aber zitierte er PAULI, der behauptete, LANCZOS' Rechenmethode sei «ziemlich wertlos». Und die Erleichterung war groß, als er seinen Vortrag mit dem Satz beendete: «Hier aber irrte PAULI, denn die Methode ist durchaus richtig.» Der Vorsitzende, Leon ROSENFELD, fragte daraufhin: «Wissen Sie, daß LANCZOS hier ist?» VAN DER WAERDEN war betroffen. Die Begegnung der beiden – auf dem Podium – gehörte zu den schönsten Augenblicken der Konferenz.

Kapitel 6
«Davon bekommt das Finanzamt einmal nichts!»

Theorie und Praxis
BOLTZMANN sagte einmal: «Es gibt nichts praktischeres als eine gute Theorie.»

Das Dumme
Noch bevor die elektrische Glühlampe eingeführt wurde, hatte NERNST den mit Ceroxid versetzten Keramikstift erfunden, der bei Erwärmung Strom leitet und bei hohen Temperaturen ein sehr helles Licht ausstrahlt. Es gelang ihm, die Erfindung dieses sogenannten «Nernststifts «gegen eine Abfindung von 1 Million Mark an die AEG zu verkaufen. Als EDISON einmal klagte, er habe für seine Patente von der AEG viel weniger erhalten, rief NERNST dem alten Herrn in sein Hörrohr: «Das ist ja das Dumme bei Ihnen, Mister EDISON, daß Sie kein Geschäftsmann sind.»

Fehlende Erleuchtung
Als in den Hörsälen einer Universität Nernstlampen zur Beleuchtung eingeführt worden waren, stand auf einer Bank, kunstvoll eingraviert, folgender Schüttelreim:

> *«Ob du auch sitzt beim Schein des Nernstlichts,*
> *Es hilft dir nicht, mein Sohn, du lernst nichts.»*

Gewinn

Nachdem NERNST seine Lampe für vier Millionen Mark nach England verkauft hatte, fragte KOHLRAUSCH ihn spöttisch, ob er nun Diamanten machen werde, worauf NERNST überlegen an seiner goldenen Uhrkette spielend antwortete: «Nein, die kaufe ich mir jetzt!»

Geschäftsdenken

NERNST besaß ein großes landwirtschaftliches Gut, Zibelle. Als er an einem kalten Wintermorgen einmal den Kuhstall betrat, fand er diesen höchst angenehm warm und fragte, ob hier denn geheizt sei. Als er erfuhr, daß die Wärme einfach die tierische Wärme der Kühe sei, verkaufte er die Kühe und legte das Geld in einer Karpfenzucht an: «Man muß Tiere züchten, die im thermodynamischen Gleichgewicht mit ihrer Umgebung sind. Warum soll ich für mein Geld den Weltraum heizen!». Und er fügte hinzu: «Ich habe mir einen Zoologen für die Tiere zugelegt. Das Geschäftliche mache ich selbst.»

Stromfluß

HELMHOLTZ führte die Damen des kaiserlichen Hofs durch das neue physikalische Institut der Berliner Universität. Sie waren besonders von den elektrischen Einrichtungen beeindruckt: «Herr Professor, wie ist es nur möglich, daß Elektrizität durch diese dünnen Röhren fließen kann!»

«Klar und lichtvoll»

Die Entdeckung der Röntgenstrahlen hatte sehr viel Aufmerksamkeit erregt; der Kaiser lud RÖNTGEN zu einer persönlichen Demonstration nach Berlin ein. Die Zeitung berichtete: «Auch die Kaiserin und Kaiser Friedrich verfolgten die Vorführung, ebenso das Gefolge der Kaiserin und der Kultusminister, den der Kaiser in Anbetracht der Wichtigkeit der neuen Entdeckung hatte befehlen lassen. Mit großer Spannung folgten die Anwesenden dem klaren und lichtvollen Vortrag, der sich streckenweise fast dramatisch belebte.»

Großstadtprobleme

RÖNTGEN war in Berlin zur Abendtafel ins Schloß geladen, kam aber zu spät. Er entschuldigte sich mit den Worten: «Verzeihen Sie, Majestät, aber ich bin die großen Entfernungen nicht gewohnt.»

Ortsangabe

Zu Beginn des Jahrhunderts konnten praktisch nur wirtschaftlich unabhängige Gelehrte an eine Laufbahn als Professor denken, deshalb waren fast alle deutschen Professoren einigermaßen wohlhabend. Edmund LANDAU jedoch war ausgesprochen reich. Gefragt, wie man sein Haus fände, sagte er einfach: «Sie finden es leicht. Es ist das schönste Haus in der Stadt.»

Ehrenvoll

Als Carl RUNGE einen ehrenvollen Ruf nach Göttingen erhielt, der jedoch vermutlich weniger Einkünfte bringen würde als seine vorige Stellung, riet seine Frau ihm zur Annahme: «Wir werden schon durchkommen, auch mit tausend Mark weniger, und es wird weder mir noch den Kindern schaden.»

Je nachdem

Ein Professor genoß in der Regel hohes gesellschaftliches Ansehen, sein Gehalt aber entsprach nicht immer dem Bedarf. In Kiel pflegte man, wenn der Name BRÖKER fiel, nachzufragen, ob der Butter-Bröker gemeint sei oder der Margarine-Bröker. Der erste hatte eine Butterhandlung, der zweite war Professor.

Zulage

Als Heinz BILLING Anfang der fünfziger Jahre einen Radiomechaniker brauchte, gab er eine Anzeige auf, und es bewarb sich Karl-Heinz GUNDLACH, der den von BILLING durchgeführten Intelligenztest – nach einer kurzen Erklärung waren Zahlen im binären System zu schreiben – glänzend bestand. (GUNDLACH absolvierte in dieser Stellung zunächst das Abendabitur und dann das Physikstudium. Heute ist er Professor für Physik in Grenoble.) Zur Regelung der Gehaltsfrage erkundigte sich BILLING nach dem bisherigen Stundenlohn – er hatte DM 1.36 betragen. Während viele Wissenschaftler sich schmeichelten, hochdotierte Mitarbeiter zu haben, sagte der sparsame BILLING: «Na ja, dann bekommen Sie bei mir DM 1.37.»

Luxus

HILBERT war persönlich wenig anspruchsvoll. An seinem fünfzigsten Geburtstag, auf dem Höhepunkt seines Ruhms sagte er: «Von jetzt an, denke ich, werde ich mir den Luxus gönnen, im Zug erster Klasse zu reisen.»

Auch PLANCK war jede «Geheimrätlichkeit» fremd. Er fuhr täglich mit der Berliner Stadtbahn in der dritten Klasse in seine Vorlesungen, und auch im höheren Alter leistete er sich selbst auf langen Reisen keine größere Bequemlichkeit.

Undank

HOUTERMANS hatte seiner Frau Ilse zu Weihnachten einen Pelzmantel geschenkt, über den sie sich sehr gefreut hatte. Doch sie schimpfte, als er nicht im Zimmer war: «Der Idiot! Kauft mir für teures Geld einen Pelzmantel, den ich nie anziehen kann. Wenn ich damit vor die Tür gehe, sehen mich Milchmann oder Bäcker, bei denen ich seit Monaten Schulden habe. Dann kann ich nie mehr anschreiben lassen. Und meinen Verwandten in Berlin kann ich ihn auch nicht zeigen, denn mit einem solchen Mantel müßte ich mindestens zweiter Klasse fahren, und das kann ich mir nicht leisten.»

Bedauerlich

Drei Hamburger Professoren gingen von der Universität zum nahen Dammtorbahnhof, zwei erreichten gerade noch den Zug, der dritte nicht. Der Fahrdienstleiter drückte ihm sein Bedauern aus. Der Zurückgebliebene jedoch sagte: «Nicht so schlimm! Ich nehme den nächsten Zug. Aber die anderen, die wollten mich nur auf den Bahnhof bringen!»

Rechtzeitig

Aus dem ehrenvollen Anlaß einer der ersten USA-Reisen eines deutschen Wissenschaftlers nach dem Zweiten Weltkrieg begleitete die ganze Institutsmannschaft ihren

Direktor KOPFERMANN an den Göttinger Bahnhof. Wie gewöhnlich kam HOUTERMANS in letzter Minute, löste, wie 1950 noch nötig, im Automaten und wollte auf den Bahnhof stürmen. Aber an der Sperre wurde er aufgehalten: Er hielt eine Karte mit dem Aufdruck 0,00 kg in der Hand, weil er sein Geld in die Personenwaage geworfen hatte. Damit aber waren seine letzten Pfennige verbraucht, und er verpaßte die Abfahrt des Zuges.

Wohin? Woher?

Fritz HOUTERMANS erschien an einem Sonntagvormittag im Gehrock im Institut. Er fragte verzweifelt: «Man hat mich so seltsam angezogen. Wenn ich nur wüßte, wohin ich gehen sollte!»

Norbert WIENER wurde auf dem Universitätsgelände von einem Studenten mit einer mathematischen Frage angesprochen. WIENER erörterte das Problem und fragte dann: «Aus welcher Richtung bin ich gekommen, als Sie mich ansprachen?» Der Student zeigte sie ihm. «Aha», sagte WIENER, «dann habe ich noch nicht gegessen», und setzte seinen Weg in Richtung Mensa fort.

John von NEUMANN fuhr von Princeton nach New York City, wo er eine Verabredung hatte. Auf halbem Wege hatte er vergessen, wen er treffen sollte, und rief seine Frau an: «Warum fahre ich nach New York?»

EINSTEIN fragte in Princeton Passanten nach dem Weg nach Nassau Hall, seiner Arbeitsstätte, weil er von dort aus den Weg nach Hause kannte. Wenn ihm dann ein kürzerer Weg zu seinem Haus beschrieben wurde, bedankte er sich und sagte, er würde lieber zuerst zu Nassau Hall gehen.

Offenbar hatte EINSTEIN auch Schwierigkeiten, in der richtigen Straße das richtige Haus zu finden. Nachdem er häufiger fälschlich Nachbarhäuser für das seine gehalten hatte, soll seine Haustür leuchtend rot gestrichen worden sein.

Lesezeichen

EINSTEIN hatte einmal einen Scheck über 1500 Dollar, den er bei der Verleihung eines ehrenvollen Preises erhalten hatte, als Lesezeichen in ein Buch gelegt und konnte sich später nicht erinnern, wo er ihn gelassen hatte. Die Preisverleiher wiederum wunderten sich, warum er den Scheck nicht einlöste.

Geheimnummer

EINSTEINs Telefonnummer in Princeton stand nicht im Telefonbuch. Er hatte Schwierigkeiten, sie zu behalten und soll gelegentlich die Telefonvermittlung des Instituts for Advanced Study gebeten haben, ihm seine Adresse zu sagen.

Naheliegend

EINSTEIN klagte viele Jahre lang über Magenschmerzen. Die Ärzte erkannten schließlich die Ursache des Übels: EINSTEIN vergaß immer wieder zu essen.

Zuviel

Fritz HOUTERMANS hatte seine Studenten zu sich nach Haus eingeladen, um über physikalische Probleme zu diskutieren. Während er begeistert seine Idee für eine Methode zur Datierung radioaktiven Gesteins erläuterte, servierte seine Frau einen sehr starken Kaffee. Er nahm, immer weiter sprechend, ein Stück Zucker in die Tasse, rührte um, nahm ein weiteres Stück, rührte um und machte so weiter, bis er nach dem siebten Stück die Tasse an den Mund setzte und trank. Da verzog er das Gesicht und schrie: «Pfui, Ilse, was hast du denn heute gekocht?»

Die andern

Eines Vormittags verabschiedete sich HOUTERMANS, damals Professor in Bern, um zu einer Kommissionssitzung zu gehen. Nach etwa zwei Stunden rief er seinen Assistenten aus Zürich an: «Können Sie bitte für mich zur Sitzung gehen?» Auf die verwunderte Frage, warum er nicht teilnehme, denn er sei doch eben dahin aufgebrochen, sagt HOUTERMANS: «Ich bin zu einer Sitzung ins Bahnhofbuffet in Zürich gefahren. Die andern Teilnehmer haben sich aber aus Versehen im Ständeratssaal in Bern versammelt.»

Entsorgung

Eines Tages kam HOUTERMANS laut schnaufend von seinem etwa 20 Gehminuten entfernten Haus mit einem vollen Müllheimer ins Berner Institut. Gefragt, was er damit vorhabe, sagte er: «Den hat mir die Lore gegeben, ich sollte ihn vor der Haustür in die große Mülltonne kippen.»

Mit dem geistigen Auge

Richard FEYNMAN und Ray SACHS, damals beide noch junge Physiker und begierig auf die ihnen noch fremde Kultur, hatten sich anläßlich einer Konferenz in Frankreich einer Tour angeschlossen, bei der Notre-Dame de l'Épine in der Champagne besichtigt wurde. Auf der Fahrt dahin hatten sie sich in ein Gespräch vertieft. Sie diskutierten intensiv weiter, als sie mit der Gruppe die Kirche betraten. Die Augen gleichsam nach innen gerichtet und ganz auf ihr Problem konzentriert, folgten sie der Führung; noch im Bus hörte man FEYNMAN ge-mü-nü, ge-mü-nü vorrechnen. Erst als sie das Problem geklärt hatten, bemerkten sie ihr Versäumnis.

Der Zeit voraus

Bei einer Tagung der Max-Planck-Gesellschaft standen ein Ausflug nach Speyer mit Besichtigung des Doms und anschließender Weinprobe in einem alten Weinhaus auf dem Programm. Im Bus hatte sich Ludwig BIERMANN intensiv mit seinem Nachbarn unterhalten. Im Eingang des Doms bemerkte er: «Das ist hier aber eine großartige Weinstube!»

Bestens bekannt

Nach einer Gratulationscour bedankte sich der Chemiker Karl ZIEGLER mit Handschlag bei jedem Gratulanten. Bei einem Doktoranden stutzte er, weil er ihn offenbar nicht erkannte. Bei Nennung des Namens jedoch rief er aus: «Ach, ja, Herr M., einer meiner besten Mitarbeiter!»

Genaue Beobachtung

Carl RUNGE arbeitete einmal bei spektrographischen Untersuchungen abwechselnd mit Lupe, Rechenschieber und Bleistift. Plötzlich war die Lupe verschwunden. Da er sie auf dem mit Gerätschaften bedeckten Labortisch nicht fand, nahm er eine andere und arbeitete weiter. Als er auch diese Lupe nicht wiederfand, nahm er eine dritte und beschloß, jetzt ganz genau aufzupassen. Da bemerkte er, wie er nach der Ablesung mit der Hand mechanisch an die Tischkante griff. Und da standen alle drei Lupen in einer Reihe.

Kleiderfragen

Als Max PLANCK Budapest besuchte, gab ein Erzherzog zu seinen Ehren einen Empfang. PLANCK erzählte: «Aber den vorgeschriebenen Frack hatte ich nicht mit, und der Diener ließ mich nicht eintreten. Wissen Sie, was ich tat? Ich sah mir einfach stillvergnügt die schöne Stadt an!»

EINSTEIN war schon während seiner Zeit am Patentamt in den Ruf geraten, ein «gelehrtes Haus» zu sein, weil er gelegentlich stehen blieb, um auf dem Papier, das er sichtbar in der Jackentasche trug, Notizen zu machen. Als ihn der Hauswirt wiederholt mit «Herr Professor» titulierte, bat EINSTEIN ihn, das zu unterlassen: «Wieso eigentlich halten Sie mich für einen?» «Oh», erwiderte der Mann, «Sie sehen so aus. Ihnen fehlen zwei Knöpfe an der Weste.«

EINSTEIN war als schon weltbekannter und berühmter Mann in Brüssel im billigsten Zimmer eines «bescheidenen, fast schon schäbigen» Hotels abgestiegen. Auf die Frage, ob Professor EINSTEIN dort wohne, habe, so erzählt EINSTEINs Neffe, die Empfangschefin ihn mißtrauisch gemustert und dann gesagt: Ja, wir haben hier einen, der sich EINSTEIN nennt. Aber ich glaube, es ist nicht der richtige. Unser EINSTEIN sieht sehr arm aus.»

EINSTEIN soll auf Ermahnungen, sein Äußeres nicht zu stark zu vernachlässigen, weil er so nicht ins Amt gehen könne, gesagt haben: «Wieso, dort kennt mich ja jeder.» Als seine Frau ihn vor seiner Reise zur ersten großen Konferenz auf die Notwendigkeit eines gepflegten Äußeren aufmerksam machte, soll er entgegnet haben: «Wieso, dort kennt mich ja niemand.»

Als EINSTEIN und EHRENFEST in Leiden aufgefordert wurden, sich der königlichen Familie vorzustellen, hatte EINSTEIN natürlich keinen passenden Anzug dabei, und EHRENFESTs schwarzer Anzug hing zerknittert und eingemottet im Schrank. Frau EHRENFEST versuchte in aller Eile bei Kollegen Anzüge auszuleihen. Sie trieb einen Anzug für EINSTEIN auf, der aber zwei Nummern zu groß war, EHRENFEST mußte seinen eigenen hastig aufgebügelten Anzug tragen, der gräßlich nach Mottenpulver stank. Die Mitglieder der königlichen Familie schnüffelten, aber, so EINSTEIN, «keine Majestätsnase konnte herausbekommen, wer von uns beiden so entsetzlich stank.»

EINSTEIN nahm eines Abends in New York an einem festlichen Bankett zu seinen Ehren ohne seine Frau teil, die sich nicht wohlfühlte, aber begierig war zu wissen, wie es gewesen war. EINSTEIN erzählte, welche berühmten Leute dabei gewesen seien, Frau EINSTEIN jedoch interessierte sich für die Kleidung der Damen. «Ich weiß es wirklich nicht», entgegnete EINSTEIN. «Über dem Tisch hatten sie nichts an, und unter den Tisch wagte ich nicht zu schauen.»

PAULI erhielt 1931 die Lorentz-Medaille. EHRENFEST hatte ihn darauf aufmerksam gemacht, daß es angemessen sei, bei der Preisverleihung einen schwarzen Anzug zu tragen. PAULI schrieb zurück, er habe einen solchen Anzug bestellt und werde ihn tragen, wenn EHRENFEST ihm das in seiner Laudatio öffentlich danken würde. EHRENFEST zog sich mit großem Geschick aus der Affäre. Als er über das PAULI-Prinzip sprach, das erklärt, warum die Atome so viel Platz einnehmen, sagte er: «Wenn das PAULI-Prinzip aufgegeben würde, wenigstens teilweise, Herr PAULI, könnte uns das von vielen Alltagssorgen befreien, so beispielsweise von Verkehrsproblemen auf unseren Straßen, und es könnte die Auslagen für schöne neue schwarze Festkleidung herabsetzen helfen.»

PAULI trug einmal einen ausgesprochen farbenfroh karierten Anzug. Jemand sagte zu ihm: «Sie tragen einen auffallenden Anzug!» – «Ja, nicht wahr?» entgegnete Pauli. «Er gefiel mir so gut, daß ich mir gleich zwei davon habe machen lassen.»

Karl ZIEGLER trug als junger Dozent in Marburg tagtäglich alte graue Hosen mit Wickelgamaschen. Einer seiner arrivierten Kollegen sagte dazu: «Ich weiß gar nicht, wozu der sich habilitiert hat. So, wie er herumläuft, braucht er sich keine Hoffnung zu machen, jemals Professor zu werden.»

Vorbedingung

HEISENBERG ging mit einem seiner Schüler vor der Abfahrt eines Zuges auf dem Bahnsteig auf und ab. Er unterbrach das angeregte Gespräch, als sie zur Lokomotive gekommen waren, einem neuen Modell, das HEISENBERG voll Interesse betrachtete. Als der Student das Gespräch fortzusetzen versuchte, fragte HEISENBERG verwundert: «Interessiert Sie denn diese Lokomotive nicht?» Auf die verneinende Antwort reagierte HEISENBERG unwillig: «Wenn man theoretischer Physiker werden will, muß man sich auch für Lokomotiven interessieren.»

Existenzbeweis

PLANCK besichtigte ein Institut, in dem er zum ersten Mal eine Apparatur sah, die einzelne Lichtquanten durch Knacken registrierte. PLANCK stand lange schweigend davor und hörte zu. Dann murmelte er: «Also gibt es sie doch.»

Zufall

Ein Glasbläser hatte an drei Physiker, darunter HALL-WACHS und RÖNTGEN, je eine von drei gleichen Röhren geschickt. Zwei waren zu Bruch gegangen und nur die an RÖNTGEN war unversehrt angekommen und hatte zur Entdeckung der Strahlen geführt. «Es ist also», so erzählte

HALLWACHS, «lediglich ein postalischer Zufall, daß es Röntgenstrahlen gibt und keine Hallwachsstrahlen.»

Zu dumm

Max von LAUE demonstrierte in einer Vorlesung das Kristallgitter anhand eines Modells, in dem die Atome durch bunte Kugeln dargestellt wurden. Ein Witzbold hatte jedoch unbemerkt einen Tischtennisball in das Gitter montiert.

Von LAUE betrat den Hörsaal und blickt unwillig immer wieder zum Modell. Dann lächelte er: «Ich hatte doch gleich das Gefühl, daß hier etwas nicht stimmt. Aber meine Herren, so dumm ist die Natur wirklich nicht, solche offensichtlichen Fehler zu machen. Den kann nur ein Esel fabriziert haben.»

Extrapost

RÖNTGEN erhielt einmal einen Brief, in dem der Absender ihm mitteilte, daß in seinem Brustkorb eine Kugel stecke und er keine Zeit habe, RÖNTGEN aufzusuchen. Er bat daher den berühmten Physiker, ihm doch einige Röntgenstrahlen zu schicken, mit der Anweisung, wie er sie anwenden solle. RÖNTGEN antwortete: «Werter Herr! Leider habe ich augenblicklich keine X-Strahlen auf Lager, außerdem ist das Übersenden dieser Strahlen sehr schwierig. Ich schlage vor, daß wir es einfacher machen: Übersenden Sie mir doch einfach Ihren Brustkorb.»

Gesundes Mißtrauen

Am Vortag der Atombombenversuche auf dem Bikini-Atoll wollte Pascual JORDAN nach einem Besuch bei seinem süddeutschen Verleger mittags nach Hamburg zurückreisen. Am Nachmittag fand ein Kollege ihn friedlich auf einer Wiese schlafend. Auf die Frage, ob er den Zug versäumt hätte, antwortete JORDAN: «Ach, wissen Sie, ich habe es mir überlegt. Ich warte bis morgen. Wenn sich Kollege BETHE verrechnet hat, und die ganze Erde zerplatzt…! Vor dieser Entscheidung möchte ich die anstrengende Reise nicht auf mich nehmen.»

Black Box

Einige Mitarbeiter des Instituts saßen zusammen mit HEISENBERG in einem Café beim LPA-Bad (Leipziger Pelzausstellung). Die Unterhaltung drehte sich um den Betazerfalls und insbesondere darum, wie es möglich sein könne, daß ein Elektron mit sehr kleiner Masse sich in dem kleinen Volumen eines Atomkerns aufhält. HEISENBERG meinte, man dürfe eine solche Frage nicht zu eng sehen. «Wir sehen alle Menschen vollkommen angekleidet in das LPA-Bad hineingehen,» sagte er, «und wir sehen sie alle vollkommen angekleidet wieder aus der Badeanstalt herauskommen. Dürfen wir daraus schließen, daß alle diese Menschen auch innerhalb des Bades vollkommen angekleidet sind?»

Unzuständig

Ganz im Gegensatz zu seinem Lehrer SOMMERFELD interessierte sich PAULI wohl zu keiner Zeit für technische Probleme. Als er turnusgemäß Vorsitzender eines Kolloquiums über eine neue Art von Radioröhren war, drehte er sich nach den ersten Sätzen seinem Nachbarn CASIMIR zu und flüsterte: «Das ist lustig. Ich verstehe kein Wort.» Im Lauf des Vortrags lachte er immer mehr. «Das ist lustig. Ich verstehe kein einziges Wort. Verstehen Sie irgendetwas? Das ist aber wirklich lustig.» Am Schluß dankte er dem Vortragenden höflich und gab der Hoffnung Ausdruck, daß der Vortrag jene Hörer befriedigt habe, die sich für solche Sachen interessieren.

Ärgerlich

PAULI mißfiel diese «Industrialisierung» seines begabten ehemaligen Assistenten. Wenn er CASIMIR später wiedertraf, redete er ihn immer mit Herr Direktor an. Er sagte sogar zu anderen: «Wenn Sie nach Holland kommen sollten und CASIMIR treffen, grüßen Sie ihn von mir und nennen Sie ihn «Herr Direktor». Das ärgert ihn.» – CASIMIR meint, PAULI habe sich einerseits darüber gefreut, daß einer seiner Schüler sich in der Industrie bewähren konnte, sei aber auch enttäuscht darüber gewesen, daß jemand, der «nicht ganz dumm» war, sich freiwillig zu dem herablassen sollte, was er als die niedrigsten Bereiche menschlicher Tätigkeit ansah.

Einheiten

Als PAULI einmal den «Herrn Direktor CASIMIR» im Kolloquium einführte, sagte er zu CASIMIR: «Ich hoffe, Sie schreiben noch i und nicht j für die imaginäre Einheit!»

Angebot

Enrico FERMI war anscheinend ein praktisch veranlagter Mensch: Als sein Auto mitten im Westen der USA den

Dienst versagt hatte und er mit dem Mechaniker der Tankstelle an der Reparatur gearbeitet hatte, bot der ihm eine Anstellung an, was FERMI sehr schmeichelte.

Wunder
FERMI sagte vor der Explosion der Atombombe, als man sich über deren Auswirkungen im Unklaren war: «Es wäre ein Wunder, wenn sich die Atmosphäre entzünden würde. Nach meiner Schätzung besteht für ein Wunder etwa zehn Prozent Wahrscheinlichkeit.»

Schmieröl
Angeregt durch die Überlegungen eines seiner Schüler, der mit ihm bei einem Ausflug ein Gespräch über die Ursachen der Stabilität des Fahrrads geführt hatte, veröffentlichte SOMMERFELD eine Arbeit «Zur hydrodynamischen Theorie der Schmiermittelreibung». Edmund LANDAU dagegen nannte solche angewandte Mathematik, von der die Techniker begeistert waren, verächtlich «Schmieröl».

Experimentalphysik
SOMMERFELD sagte nach einem Seminar zu seinen Hörern: «Und nun lassen sie uns einen Blick auf diesen Apparat werfen, der nach den Prinzipien erbaut wurde, die wir ausgearbeitet haben». Die Theoretiker eilten im Gänsemarsch hinter SOMMERFELD in das Labor, nahmen ihre Brillen ab und starrten auf den Apparat. SOMMERFELD drehte triumphierend an den Schaltern … und der Apparat ging in Flammen auf.

Steuerfrei

ZIEGLERs Freude über die Verleihung des Nobelpreises war ungetrübt: «Ha, davon bekommt das Finanzamt einmal nichts!»

Kapitel 7
«Die normale Normale»

Abglanz

Als den drei physikalischen Instituten Göttingens die drei Physiker POHL, FRANCK und BORN vorstanden, schlug jemand vor, die Studenten nach dem Namen der Institutsleiter als pohlierte, frankierte und bornierte Studenten zu bezeichnen. BORN war nicht borniert, sondern lachte darüber. POHL sagte: «Immerhin, viel Glanz für mich.»

Als in Braunschweig 1952 gleichzeitig die Physiker CARIO, JUSTI und KOHLER lehrten, bemerkte der Strömungsphysiker BLUNK, es gäbe dort also karierte, justierte und kohlerierte Studenten, und das sei wohl nur bei Physikern möglich.

Koalitionen

Im Göttinger Kolloquium stießen die Meinungen der Physiker BORN und POHL einerseits und FRANCK und REICH andererseits heftig aufeinander. Man kam überein, daß POHL ein experimentum crucis durchführen sollte. BORN kündigte an: «Siegreich wollen wir FRANCK-REICH schlagen.

Ersatz

POHL, der gern unnötige Fremdwörter vermeiden wollte, bat HOUTERMANNS, in einem Artikel *pro* durch *je* zu ersetzen. HOUTERMANNS schrieb daraufhin an Herrn Jefessor POHL, er sei sehr damit einverstanden, wenn die Göttinger Prominenz jetzt Jeminenz heißen würde.

Epsilon

HOUTERMANS wurde nach der Geburt seiner ersten Tochter gefragt, wie sie heißen solle. Er sagte: «Ach, sie ist so klein. Da will ich sie Epsilon nennen.»

Der eigene Vorgänger

BOLTZMANN hatte nur ein halbes Jahr nach seinem Weggang einen Ruf auf seinen früheren Lehrstuhl in Wien angenommen. Er sagte in seiner zweiten Antrittsvorlesung: «Man pflegt die Antrittsvorlesung stets mit einem Lobeshymnus auf seinen Vorgänger zu eröffnen. Diese hier und da beschwerliche Aufgabe kann ich mir heute ersparen, denn gelang es auch Napoleon dem Ersten nicht, sein eigener Urgroßvater zu sein, so bin doch ich gegenwärtig mein eigener Vorgänger.»

fonetik

Im *forwort* zu seinen «Populären Schriften» mokierte sich BOLTZMANN über die damals geplante Rechtschreibreform: «ich glaube, man soll di abweichungen fon der fonetik, wenn man si nicht ganz ferschonen will, dann schon alle hinrichten. wenn man dem Hunde den schwanz nicht lassen will, schneide man in mit einem griffe ganz ab!»

Motto

An der Frontseite des großen Physikhörsaals in Göttingen, in dem POHL seine Experimentalvorlesung hielt, stand über dem Eingang zur Gerätesammlung in großen Buchstaben «Simplex Sigillum Veri». Die Studenten übersetzten dies in Anspielung auf die Experimentierfreude POHLs mit «Siegellack ist das einzig Wahre».

Wissenschaftstourismus

Anfang des zwanzigsten Jahrhunderts galt für Mathematikstudenten überall in der Welt die Devise: «Pack den Koffer und fahr nach Göttingen.» Göttingen war das «Mekka der Mathematiker», der «Schrein des reinen Denkens». Manchmal schien die kleine Stadt voller Mathematiker zu sein. Die Studenten hatte nicht nur mathematische Probleme, sondern auch Sprachprobleme zu bewältigen. So wird erzählt, daß ein ausländischer Student in ein Geschäft ging, um sich die Benutzung einer Waage zu erbitten: «Fräulein, haben Sie eine Wiege? Ich möchte etwas wagen!»

Nein und nine

Ein anderer Student kehrte in der festen Überzeugung, deutsche Familien seien sehr kinderreich, in seine Heimat zurück. So oft nämlich sei die Antwort auf seine Frage, ob der Gesprächspartner Kinder habe, «nine» gewesen.

Brenglisch

Heute sprechen alle Physiker «Brenglisch» (eine Abkürzung für Broken English), eine Sprache, die aus etwa 200 «normalen» Wörtern und dauernd wechselnden Sonderausdrücken besteht, und deren Aussprache anscheinend jeweils dem Sprecher überlassen bleibt. In der ersten Hälfte dieses Jahrhunderts war das noch anders. So hatte BOLTZMANN vor seiner großen Amerikareise, über die er in seiner *Reise ins Eldorado* humorvoll und amüsant berichtet, sorgfältig die Aussprache so schwieriger Worte wie «Algebra, Differential Calculus, Chemistry und Natural Philosophy» geübt. Er erzählt von der Zugreise: «Meine englische Konversation ging nach diesem Schema: Ich: When lunch will be served? Er [Der Zugschaffner]: ieeöö. Ich: I beg you, could you say me, at what hour lunch will be served? Sein Gegurgel ist jetzt um eine gute Quint tiefer: aoouu. Ich begreife das Verfehlte meines Angriffsplanes und schreie verzweifelt: Lönch, lanch, lonch, launch usf. Ich bringe Vokale hervor, die man in Gutenbergs Setzkasten vergebens suchen würde. Jetzt zeigt sein Gesicht einiges Verständnis: Ah, loanch? Nun ist die Brücke der Verständigung geschlagen. Ich: When? at what hour? When o'clock? Er: Half past one! Wir haben uns verstanden. Und nun sollte ich in dieser Sprache dreißig Vorlesungen halten!»

Kaum zu glauben

BOLTZMANN verdankte seiner guten Vorbereitung auch einen kulinarischen Genuß: «Da stand auf der Speisekarte lobstersalad. Ich erinnerte mich sogleich der Lektion, wo ich kaum glauben konnte, daß Hummer lobster heißt; also her mit dem lobster und er mundete ganz vorzüglich.»

Körper

Wenn Algebraiker von Ringen, Körpern und ihren Vereinigungen sprechen, merken sie es wohl kaum noch, welche nichtmathematischen Nebengedanken dabei aufkommen können. Aber auch sie kann man schmunzeln sehen, wenn

sie einen vollkommenen Körper als einen definieren, der
keine Unterkörper hat.

Verständigung

Leopold INFELD erzählte, er habe sich als Beobachter einer
Diskussion nur mit Mühe sein Lachen über den berühmte-
sten Wissenschaftler der Zeit verbeißen können: EIN-
STEIN und der italienische Mathematiker Tullio LEVI-CI-
VITA redeten in einer Sprache, die beide für Englisch hielten, und zeigten auf Formeln an der Wandtafel, während
LEVI-CIVITA im Laufe des hitziger werdenden Gesprächs
mit weitausholenden Gesten auf EINSTEIN eindrang, der,
gelassen weitersprechend, alle paar Sekunden seine sackar-
tige Hose hochzog.

Bescheidenheit

INFELD bemerkte einmal: «Das Englisch EINSTEINs war
äußerst einfach. Es bestand aus vielleicht 300 in besonderer
Weise ausgesprochenen Wörtern. Wie er selber sagte, hat
er diese Sprache eigentlich nie erlernt.»

Fortschritt

EINSTEIN antwortete einmal auf die Frage, wie es mit
seinem Englisch stünde: «Immer besser, niemals gut.»

Super

Bei den Verfassern von Büchern und Artikel sind anscheinend Wortungetüme beliebt, bei denen die Sinnfindung
gelegentlich nicht naheliegt. So bemerkte Karl ZIEGLER
einmal, als er in einem Artikel immer wieder ‹thermische

Behandlung› las: «‹Erhitzen› ist offenbar ein zu primitives Wort und eines ‹Superforschers› unwürdig. Es muß bedeutend klingen.»

Verhext
Karl ZIEGLER sprach in einem Vortrag, den er in Leningrad auf Deutsch hielt, häufig von Hexenen. Nachher fragte er den Dolmetscher, ob alles verständlich gewesen sei. Der versicherte ihm, wie klar ihm alles gewesen sei, er habe lediglich nicht gewußt, was die vielen Hexen in einem wissenschaftlichen Vortrag zu tun hätten.

Beobachtungsverfahren
In einer Arbeit eines Doktoranden las ZIEGLER: «Der Gasverbrauch wurde mit einer Bürette beobachtet.» ZIEGLER fragte den Verfasser: «Haben Sie die Bürette als Fernrohr benutzt und damit den Versuch beobachtet? Oder wie haben Sie beobachtet, vielleicht mit Unlust?»

Definitionsfrage
Zur Bezeichnung «borständig» (für Ligand am Bor) fragte ZIEGLER: «Was ist borständig? Wenn es ‹am Bor stehend› oder ‹an Bor gebunden› heißen soll, wäre dann unter ‹beständig› am Beryllium stehend zu verstehen?»

Eseleien
Als Niels BOHR das Physikalische Institut der Akademie der Wissenschaften der damaligen UdSSR besuchte, wurde er gefragt, wie es ihm gelungen sei, eine so erstklassige

Schule von Physikern aufzubauen. Er antwortete: «Vermutlich, weil es mir niemals etwas ausgemacht hat, meinen Studenten zu gestehen, daß ich ein Esel bin ...». Als bei einer späteren Gelegenheit der russische Physiker LIFSCHITZ diesen Satz aus einer Übersetzung vorlas, versprach er sich und sagte: «Vermutlich, weil es mir niemals etwas ausgemacht hat, meinen Studenten zu erklären, daß sie Esel wären ...».

Dieser Satz führte zu einer lebhaften Reaktion unter der Zuhörerschaft, worauf sich LIFSCHITZ nach einem Blick in den Text korrigierte und sich für seinen ungewollten Versprecher entschuldigte. Sein Kollege Paul KAPITZA jedoch sagte nachdenklich, es sei kein zufälliger Versprecher gewesen. Vielmehr sei er genauer Ausdruck des hauptsächlichen Unterschieds zwischen den Schulen von BOHR und LANDAU, zu der auch LIFSCHITZ gehörte.

Wißbegierde

In der Literarischen Gesellschaft in Berlin traf EINSTEIN einen Schöngeist, der sich seit neuestem für Physik interessierte. Einen Zettel entfaltend fragte er EINSTEIN: «Bitte, Herr Professor, können Sie mir sagen, was bedeutet Potential, invariant, kontravariant, Energietensor, Skalar, Relativitätspostulat, hypereuklidisch und Inertialsystem?» EINSTEIN erwiderte freundlich: «Gewiß. Das sind Fachausdrücke.» – Bei einem Amerikabesuch wurde EINSTEIN schon am Schiff von Journalisten mit Fragen bestürmt. Ein Reporter bat: «Erklären Sie bitte in fünf Minuten, was es mit der vierten Dimension auf sich hat.»

Interdisziplinär

Subrahmanyan CHANDRASEKHAR beklagte einmal die Nachlässigkeit der Naturwissenschaftler im Umgang mit der Sprache: «Schlagen Sie eine physikalische Fachzeitschrift irgendwo auf und legen Sie den Finger auf einen beliebigen Abschnitt. Mit Sicherheit finden Sie darin einen Stilfehler oder einen grammatischen Fehler oder einen Schreibfehler.» Als Herausgeber des *Astrophysical Journal* ließ er den Verfasser einer dort eingereichten Arbeit wissen: «Ihre Arbeit ist wissenschaftlich richtig. Ich empfehle Ihnen jedoch, sie durch einen Ihrer Kollegen aus der Anglistik überarbeiten zu lassen.»

Unmöglich

Als PAULI seinen früheren Kollegen MÖGLICH, den er seit zwanzig Jahren nicht mehr gesehen hatte, nach dem Krieg in Deutschland auf einer Tagung wiedersah, sprach er ihn an mit dem Satz: «Sind Sie immer noch möglich?»

Nicht so genau

Manchmal kommt es ja wirklich nicht auf die genaue Wortwahl an. So erzählt Manfred EIGEN von seinem Physikprofessor, der sagte: «Nehmen wir einen schwarzen Kasten. Es braucht kein Kasten zu sein, und er braucht nicht schwarz zu sein.»

Wer is wer?

An jeder «Denkzelle», dem Arbeitszimmer der Wissenschaftler des Instituts für extraterrestische Physik, wurde

Anfang der siebziger Jahre – im Zuge der «Demokratisie-rung» – der Name des dort arbeitenden Wissenschaftlers schlicht mit dem Anfangsbuchstaben des Vornamens und ohne Titel angegeben. Auch am Büro des Direktors stand also nur R. LÜST, bis die Sekretärinnen gleichsam hände-ringend darum baten, wenigstens bei ihm Prof. Dr. dazu-schreiben zu dürfen. Die Besucher hatten nämlich Mühe, das Zimmer des Direktors ausfindig zu machen und stör-ten sie zu oft bei der Arbeit.

Anrede

Arnulf SCHLÜTER hatte wissen lassen, daß ihm nicht an der Anrede mit dem Professorentitel lag. Als einmal nach ei-nem Vortrag ein Zuhörer einen ihm unklaren Punkt klären wollte, begann er mit: «Herr Gott, …» SCHLÜTER entgeg-nete: «Es genügt, wenn Sie Herr Professor sagen.»

Zeitgemäß

Am Anschlagebrett eines Instituts (es war ein kunstge-schichtliches, aber es hätte vermutlich auch ein naturwis-senschaftliches sein können) fand sich 1968 ein Anschlag: «Herr Professor X möchte ab sofort mit Herr X angespro-chen werden.» Am Tag darauf ließ eine Kollegin wissen: «Frau Professor möchte weiterhin mit Frau Professor an-gesprochen werden.» Am Ende dieses Semesters gab es einen neuen Anschlag: «Herr Professor X möchte wieder Herr Professor X genannt werden.»

Namentliches

Der Zahlentheoretiker ZERMELO pflegte seinen Namen als

«Rudiment von Walzermelodie» zu erklären, der Mathematiker ROSENTHAL sagte: «Ich bin ein Spezialfall von BLUMENTHAL», und der Bonner Physiker Wolfgang PAUL stellte sich gern als der Realteil von PAULI vor. Der nicht besonders groß gewachsene Bochumer Physiker Hans SCHLÜTER, wie der Münchner Arnulf SCHLÜTER Plasmaphysiker, leitete seine Vorträge zur Freude seiner Zuhörer gelegentlich mit der Bemerkung ein: «In Deutschland gibt es zwei Plasma-SCHLÜTER. Ich bin der kleine.»

Edelmetalle

Die Brüder Harald und Niels BOHR waren häufige Besucher in Göttingen. Niels wurde als *Il Pensieroso* gesehen, sein Bruder Harald als *L'Allegro*. Ihr Vater jedoch, ein Medizinprofessor und außerordentlich stolz auf beide Söhne, meinte: «Harald ist Silber, aber Niels – Niels ist reines Gold.»

Verbohrt

PAULI nannte HEISENBERG «völlig verbohrt», wenn er meinte, er stünde zu sehr unter dem Einfluß BOHRs. HEISENBERG selbst sprach vom hohen Hafnium-Gehalt seines Gehirns. (Das Element 72 war nach dem Ort seiner Entdeckung (Kopenhagen) benannt.

Rosenkavalier

Als ein junger, schon angesehener Theoretiker und seine Frau Verena PAULI in Zürich besuchten, begrüßte dieser die beiden mit den Worten: «Da kommt er schon, der Neurosenkavalier mit seiner Schizovreneli!»

Bombenerfolg

Zu einem begeisterungsfähigen Redner sagte PAULI einmal: «Ihre Bemerkungen sind wie ein Feuerwerk – sehr bombastisch, aber wenig erhellend.»

Nullmenge

LEHMANN trug bei einer Konferenz, an der auch HEISENBERG und PAULI teilnahmen, eine axiomatische Form der Quantenfeldtheorie vor. PAULI sagte danach: «Sie haben eine komplizierte Definition der Nullmenge gegeben.» LEHMANN entgegnete: «Aber ich habe doch bewiesen, was ich behauptet habe». Darauf PAULI: «Schon, aber Sie haben auch nichts behauptet.»

Nernsthaft

Als der Physiker PRINGSHEIM von München als außerordentlicher Professor ans Institut von NERNST nach Berlin ging, sagte sein stolzer Vater: «Jetzt tritt der NERNST des Lebens an ihn heran!»

Ansteckung

Carl Friedrich von WEIZSÄCKER sagte einmal mißbilligend: «Wenn diese Hypothese richtig ist, dann ist sie so etwas wie eine ansteckende Krankheit.»

Explosionsgefahr

Pascual JORDAN hatte sich 1958 nicht mit der Göttinger Erklärung der 18 Wissenschaftler, die sich gegen die Atombombe ausgesprochen hatte, solidarisch erklärt, sondern sich ausdrücklich gegen sie ausgesprochen. Von WEIZ-

SÄCKER sagte in einem Vortrag, in dem er über die Urknalltheorie und die von JORDAN vertretene Theorie der Sternentstehung referierte, zweideutig: «Ich würde raten, die Hoffnung nicht allzu sehr auf das Explosive zu setzen.»

Furchtbar

HEISENBERG hatte sich bei seinem Vortrag in Zorn geredet: «Es ist ein Skandal, daß sich die Quantenzahl um 1/2 ändert. Das hat furchtbare Folgen! Man denke nur an die Parität!»

Selber schuld

Max von LAUE bedauerte in einem Vortrag über Fehler im Kristallgitter, daß noch keine gute Theorie die Fehlerquellen berücksichtigen könne. Entschuldigend sagte er: «Die Kristalle sind so fehlerhaft, daß sie gar keine gute Theorie verdienen.»

Schönheit

Max von LAUE fragte, wenn er etwas erledigt hatte, gern: «Ist das nicht schön von mir?» EINSTEIN entgegnete darauf einmal: «Ich habe es dir schon oft gesagt: Das Schönste an dir ist deine Frau, dann kommt das Beugungsbild und zuletzt dein prächtiger Haarschopf.» Max von LAUE war damals schon fast kahl, seine Frau sehr attraktiv und bezaubernd.

Quelle

Reimar LÜST war bei seinem ersten Kolloquiumsvortrag sehr aufgeregt und durch die Anwesenheit mehrerer berühmter Wissenschaftler eingeschüchtert. Außer HEISENBERG und von WEIZSÄCKER gehörten auch von LAUE und der Chemiker EUCKEN, ein bekanntermaßen schwieriger Mensch, zu den Hörern. LÜST begann seinen Vortrag, versäumte jedoch, die Quelle der referierten Arbeit (eine Veröffentlichung der Schwedischen Akademie der Wissenschaften, der Svenska Vetenskapsakademien) anzugeben. Gereizt rief EUCKEN: «Über was für eine Arbeit wollen Sie denn sprechen und wo ist sie veröffentlicht?» Verdattert sagte LÜST: «Im Svenska Dagbladed» – und erntete einen der größten Lacherfolge seiner Laufbahn.

Blabla

LÜST hielt in den sechziger Jahren am Sonneninstitut auf der Krim einen Vortrag auf Englisch. Er begann, wie er es sich angewöhnt hatte, mit der Bemerkung, er habe in der Schule nur Griechisch und Latein, nicht aber Englisch gelernt und bäte deshalb, sein schlechtes Englisch zu entschuldigen. Dann erzählte er, wie ihm bei einem Vortrag in den USA der aus Griechenland stammende Einladende später bei einem Umtrunk händereibend gesagt habe: «Und jetzt können wir Griechisch reden», worauf er dann doch sein damals kümmerliches Englisch vorgezogen habe. Der russische Dolmetscher übersetzte, und der Lacherfolg übertraf alle früheren. Jemand, der Russisch konnte, erzählte LÜST später, der Dolmetscher habe etwa Folgendes gesagt: «Herr LÜST bedankt sich für die Einladung. Er gab dann allerlei Blabla von sich, wie das bei Vorträgen üblich ist – es lohnt sich nicht, das zu übersetzen.»

Total normal

In einer Vorlesung über Kurventheorie suchte COLLATZ angesichts der Normalenvielfalt der Raumkurven nach einer Bezeichnung: «Eine ist die natürlichste – ja, sie ist die normale Normale.»

Das große Phi

Gelegentlich schlagen Mathematiker vor: «Fassen wir jetzt das große Phi ins Auge.» SOMMERFELD sagte einmal in einer Vorlesung: «Also, ich kenne ja nur das Phi. Und wenn ich dessen Gang kenne, kann ich den Schwanz abschätzen.»

Kapitel 8
«Liebes Hertz!»

Hertzlich

Wochenlang hatte sich BOLTZMANN fast ausschließlich mit der *Mechanik* von Heinrich HERTZ befaßt. Als er einen Brief an seine Frau beginnen wollte, schrieb er unversehens: «Liebes Hertz!»

Fürsorge

BOLTZMANN ging sonntagsvormittags gern mit dem Kind im Kinderwagen spazieren. Im Wiener Rathauspark setzte er sich dann gewöhnlich auf eine Bank und begann, Kind und Umwelt vergessend, zu arbeiten. Kurz vor Mittag schaute er auf die Uhr und ging nach Hause. Passanten sollen den Kinderwagen öfters bei der Polizei abgegeben haben. Einmal sei ein Polizist mit dem Kinderwagen sogar vor BOLTZMANN zurück gewesen.

Attraktion

Als EINSTEIN in Berlin auf dem Gipfel seiner Berühmtheit war, sah man in seiner Vorlesung an der Universität während der Reisesaison im Juli oft elegant gekleidete amerikanische und englische Damen, die EINSTEIN mit Operngläsern fixierten. EINSTEIN gewöhnte sich bald auch an diese Belästigung; nach etwa zehn Minuten jedoch unterbrach er üblicherweise seinen Vortrag mit der Bemerkung: «Nun will ich eine kleine Pause machen, damit sich alle entfernen können, die sich nicht weiter interessieren.»

Crepe de Chine

In der Glanzzeit Göttingens trafen sich in HILBERTs Vorlesungen insbesondere sehr gut angezogene Damen, weshalb man von den Crepe de Chine-Vorlesungen sprach. Helene BRAUN fragte sich: «Was hat er denen bloß über Geometrie und Logik erzählt? Und wie kam er mit den Männern zurecht, von denen er einmal sagte: ‹Ihr Horizont besteht nur aus einem Punkt, und der nennt sich Standpunkt›»?

Pelzmäntelkolloquium

Auch PAULIs Vorlesungen erwiesen sich als «gesellschaftliches Ereignis»: In Zürich sprach man von PAULIs «Pelzmäntelkolloquium», das überwiegend von älteren Damen aus dem Kreis um den Psychologen Jung besucht wurde.

Gott sei Dank!

Nach einem Vortrag über die Entwicklung des Sonnensystems rief eine Dame den Referenten an: «Wie lange, sagten Sie, wird die Sonne noch leuchten? Milliarden oder Millionen Jahre?» Auf die Antwort, es seien Milliarden Jahre, reagierte sie mit einem erleichterten: «Gott sei Dank!»

Erinnerung

Karl SCHWARZSCHILD aß als Direktor der Göttinger Sternwarte gewöhnlich mit seinen Kollegen zu Mittag. Nach seiner Heirat jedoch brach diese «Tradition» ab. Als er eines Tages wieder am Essen teilnahm, fragte einer der

Kollegen in einer Gesprächspause, wie ihm das Eheleben gefalle. Der schaute verdutzt auf, sprang auf und stotterte: «Ach ja, Entschuldigung! Hab ich ganz vergessen …» und verließ die Runde.

Routine

Als eines Abends bei HILBERT Besuch erwartet wurde, sagte Frau HILBERT zu ihrem Mann: «David, du mußt dir einen anderen Schlips umbinden. Mit dem roten kannst du die Gäste nicht empfangen.» HILBERT ging nach oben ins Schlafzimmer. Aber als die Gäste kamen, war er immer noch nicht wieder nach unten gekommen. Seine Frau ging ins Schlafzimmer, um nach ihrem Mann zu sehen: Der lag im Bett und schlief. «Ich muß ganz in Gedanken gewesen sein», meinte er, als er erwacht war und die Situation übersah, «ich hab mir den Schlips abgebunden und war nun so beim Ausziehen, daß ich ins Bett ging.»

Unvergessen

Als junge Ehefrau schrieb Käthe HILBERT nicht nur die Briefe ihres Mannes in Reinschrift ab, sondern auch das Manuskript des *Zahlbericht* – fast 400 Druckseiten. MIN-KOWSKI würdigte ihre Leistung: «Ich beglückwünsche Deine Frau zu dem guten Beispiel, das sie für die Ehefrauen aller Mathematiker gesetzt hat und das jetzt auf alle Zeiten unvergessen sein wird.»

Liebesalphabet

Zu Ehren von HILBERT dichteten Studenten anläßlich seines fünfzigsten Geburtstags ein sogenanntes «Liebes-

111

alphabet», das zu jedem Buchstaben einen Vers über eine von HILBERTs Flammen enthielt. Für «I» zum Beispiel hieß es:

> *«Wenn sich unsre Haare lichten,*
> *Lieben wir die kleinen Nichten.*
> *Das ist menschliche Natur*
> *Denkt an Ilschen Hilbert nur.»*

Bei K jedoch war keinem eine seiner Lieben eingefallen. Da sagte Käthe HILBERT: Nun, wirklich, einmal könnten Sie auch an mich denken!» Erfreut dichteten die jungen Leute:

> *Gott sei Dank, nicht so genau*
> *nimmt es Käthe, seine Frau.*

Ohne Käthe, meinte einer seiner Kollegen, wäre HILBERT wirklich verloren gewesen. COURANT sagte: «Ohne sie könnte er nicht so gelebt haben, wie er lebte.»

Meisterlich
SOMMERFELD sagte anerkennend zu RABINOWITZ, als der ihm seine Frau vorstellte: «Ich habe ja gewußt, daß Sie ein Meister des Auswahlprinzips sind!»

Zusammenarbeit
Laura FERMI beschreibt ein Problem im Leben wohl mancher Frau eines Wissenschaftlers aus der Zeit, in welcher der Platz der Frau noch durch Kinder, Kirche, Küche bestimmt war: «Abends und an Regentagen gab sich Enrico seiner Berufung hin. Als geborener Lehrer konnte er der Versuchung zu unterrichten nicht widerstehen. Also mußte ich seine

Schülerin werden. Ich hatte Visionen von Zusammenarbeit, täglicher Arbeit mit einem Mann, den ich mit Entschiedenheit auf ein Podest erhoben hatte. Natürlich würde ich im Schatten bleiben, aber mit meiner Hilfe würde das Podest unübersehbar sein. Er wiederum würde mir Dank schulden, mich anerkennen und lieben … Träume.»

Familienersatz

Um sich vor den Repressalien zu schützen, die FERMI befürchtete, weil seine Frau Jüdin war, emigrierte er mit seiner Familie in die USA. Laura FERMI schrieb: «Ich kann mich des Eindrucks nicht erwehren, daß die Welt der Physik aus Menschen besteht, die eine Art Familie bilden.»

Ausgeschlossen

In einem englischen College war die Gegenwart von Frauen praktisch undenkbar. Wer heiratete, mußte ausziehen. Als Viktor WEISSKOPF heiratete, verabschiedete er sich vom Hauswart seines College mit einer scherzhaften Bemerkung darüber, wie sich die Zeiten geändert hätten. Früher sei Professoren ja nicht einmal die Heirat gestattet gewesen; vielleicht würden sie eines Tages mit ihren Ehefrauen im College wohnen dürfen. Der Hauswart wirkte etwas erschrocken und entgegnete tiefernst: «Das wird nie geschehen.» Heute dürfen Frauen, die wissenschaftlich arbeiten, sogar am «High Table» speisen.

Popsies

Als die Photographie zum Hilfsmittel der Wissenschaft wurde, waren Frauen wegen ihrer unendlichen Geduld beim Durchmustern unentbehrlich – sie durchmusterten den Sternhimmel oder entdeckten als Popsies auf durch Höhenstrahlung belichteten Platten Teilchenzusammenstöße. In der Regel saßen acht «Popsies» in einem Raum – (diese «Fräulein» wurden mit den Teilchenbeschleunigern arbeitslos). Eine Popsy, Mariette KURZ, machte 1947 den Teilchenphysiker OCCHIALINI auf ein merkwürdiges Ereignis aufmerksam. Es erwies sich als der erste beobachtete Pionenzerfall; sie verhalf so dem Leiter der Gruppe, Cecil POWERS, zu seinem Nobelpreis.

Der kleine Unterschied

Einer wissenschaftlichen Leistung ist nicht anzusehen, ob sie von einem Mann oder einer Frau stammt, und doch ist der Unterschied, ob ihr Urheber männlich oder weiblich ist, zwar klein, aber nicht unbedeutend. Die Astrophysikerin Jocelyn BELL entdeckte bei Routinebeobachtungen im Rahmen ihrer Doktorarbeit bei dem dafür später mit dem Nobelpreis ausgezeichneten Tony HEWISH die Pulsare. Sie erzählt, wie die Presse reagierte, als die Möglichkeit bestand, die von ihr, also einem weiblichen Wesen, gefundenen Daten könnten Hinweise auf Signale von außerirdischen Wesen geben: «Sie fotografierten mich in allen Lagen; ich mußte auf einer Bank stehen und so tun, als ob ich Aufzeichnungen lese, auf ihr sitzen und so tun, als ob ich Aufzeichnungen lese, ja sogar mit hocherhobenen Armen hinunterspringen – zeige deine Freude, du hast etwas entdeckt! (Archimedes weiß nicht, was ihm entgangen ist!). Die Journalisten fragten dabei wesentliche Fragen; etwa, ob ich so groß oder nicht ganz so groß sei wie Prinzessin Margaret (wir Briten haben merkwürdige Maßeinheiten) und wie viele Liebhaber ich gleichzeitig hätte.»

Gemeinsame Nächte

Die englische Astronomin Margaret BURBIDGE wollte gern mit dem großen Instrument auf Mount Wilson beobachten, als dort noch keine Frauen zugelassen waren. So trug sich ihr Mann Geoffrey, der sich als Theoretiker mit denselben Problemen beschäftigte, als Beobachter ein. Um sich wachzuhalten, trank er die ganze Nacht lang Kaffee, während seine Frau «heimlich» beobachtete. Sie wurde später «Astronomer Royal».

Herren

Gemeinrat ZENNECK, langjähriger Ordinarius für Experimentalphysik an der Technischen Hochschule München, begann seine – auch von Studentinnen besuchte – Vorlesung in unleugbar schwäbischem Tonfall immer mit der Anrede: «Meine Herren!» Zwei seiner Hörerinnen faßten sich einmal ein Herz und schlugen ihm vor, sie mit der üblichen Anrede «Meine Damen und Herren» einzuschließen. ZENNECK war erstaunt, lächelte dann und sagte: «Jo!»

Am nächsten Tag begann er mit den Worten: «Meine Herren! Ich bin gefragt worden, warum ich die Vorlesung nicht mit den Worten ‹Meine Damen und Herren!› anfange. Dazu habe ich folgendes zu bemerken: An der Technischen Hochschule gibt es zwei Arten von Studentinnen. Die einen studieren *die* Herren. Die anderen studieren *wie* die Herren. Diese lernen dasselbe, legen die gleichen Prüfungen ab und nehmen später dieselben Stellungen ein wie die Herren. Sie kann ich ruhig mit ‹Meine Herren!› anreden. Also, meine Herren!»

Amazonen

Max PLANCK war sehr dagegen, daß Frauen studieren: «Nur wenn eine Frau, was nicht häufig, aber doch bisweilen vorkommt, für die Aufgaben der theoretischen Physik besondere Begabung besitzt und außerdem den Trieb in sich fühlt, ihr Talent zur Entfaltung zu bringen, so halte ich es … für unrecht, ihr aus prinzipiellen Rücksichten die Mittel zum Studium von vornherein zu versagen …
Andererseits muß ich aber daran festhalten, daß ein solcher Fall immer nur als Ausnahme betrachtet werden kann …
Amazonen sind auch auf geistigem Gebiet naturwidrig. Bei einzelnen praktischen Aufgaben, z. B. in der Frauenheilkunde, mögen vielleicht die Verhältnisse anders liegen, im allgemeinen aber kann man nicht stark genug betonen, daß die Natur selbst der Frau ihren Beruf als Mutter und als Hausfrau vorgeschrieben hat und daß Naturgesetze unter keinen Umständen ohne schwere Schädigungen, welche sich im vorliegenden Falle besonders an dem nachwachsenden Geschlecht zeigen würden, ignoriert werden können.»

Kochen und Überkochen

Albert EINSTEIN war kein grundsätzlicher Gegner des Frauenstudiums, aber, so meinte er, es gäbe doch «gewisse Widerstände in der weiblichen Organisation, die wir als naturgegeben zu betrachten haben und die uns verwehren, denselben Erwartungsmaßstab wie beim Manne anzulegen. Höchstleistungen können von Frauen nicht erzielt werden.» Frauen seien «zum Kochen da!» Hedwig BORN schrieb ihm daraufhin in freundschaftlichem Zorn: «Sie meinen ja, Weiber sind nur zum Kochen da – aber sie können auch mal überkochen!»

Zu Füßen

Obwohl die Universität Göttingen als erste deutsche Universität schon 1787 einer Frau (der Philosophin Dorothea SCHLÖZER) den Doktorgrad verliehen hatte, sperrte sich die philosophische Fakultät heftig gegen den Gedanken, einer Frau die Habilitiation zu ermöglichen. Denn: «Wie kann erlaubt werden, daß eine Frau Privatdozent wird? Wenn sie einmal Privatdozent ist, könnte sie sogar Professor werden und Mitglied des Senats der Universität. Sind Frauen zum Senat zugelassen?» Und die Professoren fragten weiter: «Was werden unsere Soldaten denken, wenn sie zur Universität zurückkommen und sehen, daß man von ihnen erwartet, zu Füßen einer Frau zu lernen?»

Standpunkt

HILBERT setzte sich mit Entschiedenheit dafür ein, Emmy NOETHER zu habilitieren: «Aber meine Herren, wir sind doch ein Senat und keine Badeanstalt.»

Lösung?

Emmy NOETHER durfte sich nicht habilitieren. HILBERT kündigte ihre Vorlesungen unter seinem Namen an, so daß sie Vorlesungen halten und Hörergeld beziehen konnte – erst als die Inflation diese Einkommenquelle wertlos machte, erhielt sie eine bezahlte Anstellung.

Emil Noether

Um unnötigen Ärger zu vermeiden, zeichnete Emmy NO-ETHER ihre Arbeiten gewöhnlich mit E. NOETHER, was dann oft als Emil NOETHER zitiert wurde.

Nur null

NOETHER blieb fast alle offizielle und jedenfalls alle materielle Anerkennung versagt. HILBERT setzte sich vergeblich für ihre Aufnahme in die Göttinger Akademie der Wissenschaft ein. «Es wird Zeit, daß wir wirklich bedeutende Persönlichkeiten in diese Gesellschaft wählen,» sagte HILBERT einmal. «Ja, nun, wie viele bedeutende Menschen haben wir wirklich in den letzten paar Jahren gewählt?» Er schaute sich unter den Mitgliedern um: «Nur null», sagte er schließlich. «Nur null.»

Was noch?

Als Lise MEITNER mit 28 Jahren in Wien promoviert worden war und zur Fortsetzung ihres Studiums nach Berlin ging – wo sie dann über 30 Jahre blieb – wollte sie sich bei PLANCK einschreiben. Der fragte erstaunt: «Sie haben doch einen Doktortitel, was wollen Sie noch?»

Wehret den Anfängen!

Als Otto HAHN sich zur Zusammenarbeit mit Lise MEITNER entschlossen hatte, mußte er den Chemiker Emil FI-

SCHER, in dessen Institut er arbeitete, mühsam zur Zustimmung überreden; FISCHER duldete nämlich weder im Institut noch in seinen Vorlesungen Studentinnen, und in seinem Institut war weiblichen Wesen der Zutritt untersagt, wenn sie keine Putzfrauen waren. Er herrschte HAHN an: «Auf keinen Fall fange ich eine Weiberwirtschaft an.»

Arbeitsplatz

Lise MEITNER durfte schließlich mit HAHN zusammenarbeiten, der sein Labor in der ehemaligen Holzwerkstatt im Souterrain hatte. Sie durfte sich aber nicht ungefragt im Institut blicken lassen. Manchmal schlich sie sich in den hölzernen Hohlraum unter den Sitzbänken eines Hörsaals und lauschte versteckt den Vorlesungen. HAHNs Labor hatte einen eigenen Eingang, aber natürlich keine Damentoilette, und MEITNER mußte gegebenenfalls die einer nahen Gastwirtschaft aufsuchen.

Undenkbar

MEITNER erregte mit ihrer Arbeit Aufsehen, stieß jedoch als Frau auf viele Vorurteile. Ihre Veröffentlichungen in der *Naturwissenschaftlichen Rundschau* zeichnete sie oft nur mit dem Familiennamen. Als ein Redakteur des Brockhaus-Verlags auf sie aufmerksam wurde und ihre Adresse erbat, um den vermeintlichen Herrn MEITNER als Verfasser eines Lexikon-Artikels zu gewinnen, schrieb er, nachdem die Antwort ihr Geschlecht enthüllt hatte, er würde nicht daran denken, einen von einer Frau verfaßten Beitrag zu drucken.

Spielzeug

Als RUTHERFORD auf der Rückreise von der Verleihung des Nobelpreises 1908 HAHN in Berlin besuchte, rief er erstaunt aus, als ihm MEITNER vorgestellt wurde: «I thought you were a man!» Als Lady Rutherford für ihre Enkelkinder Spielzeug kaufen wollte, wurde sie dann zur Begleitung geschickt.

Arbeitseifer

Lise MEITNER wurde einmal gefragt, ob ihr, dem hübschen jungen Mädchen, denn überhaupt keine jungen Männer den Hof gemacht hätten: «Aber mein Lieber, dafür hatte ich einfach keine Zeit.»

Unumkehrbar

Lise MEITNER erfuhr 1953 von einem Artikel, in dem sie die langjährige Mitarbeiterin HAHNs genannt wurde. Sie schrieb empört an HAHN: «Was würdest Du sagen, wenn Du charakterisiert würdest als der langjährige Mitarbeiter von mir?»

Durch die Blume

BOHR setzte sich nach dem ersten Weltkrieg sehr dafür ein, daß deutsche Wissenschaftler wieder an wissenschaftlichen Kongressen teilnehmen durften, und hatte MEITNER zu einem Vortrag über Alpha- und Betastrahlung nach Kopenhagen eingeladen. Zur Verabschiedung wurde sie von Frau BOHR an die Bahn gebracht. Im letzten Augenblick kam Niels BOHR mit einem Strauß Rosen auf den Bahnsteig gelaufen. Er überreichte sie ihr mit der Bemerkung,

Rosen seien wohl das Dümmste, was man einem Menschen auf die Reise mitgeben könne.

Mehr pro Sekunde

Für die ausländischen Studenten, die nach Kopenhagen zu BOHR kamen, war die Vorliebe der Däninnen für das Fahrradfahren eine große Freude. Sie – und dabei wirkten höchstwahrscheinlich GAMOW und LANDAU mit – stellten ein Gesetz auf, das erklärte, warum so viele Studenten Däninnen heirateten: «Wenn Mädchen Fahrrad fahren, sieht man mehr pro Sekunde.» Es gab auch eine Klassifizierung, die den jungen Frauen eine Zahl zuzuschreiben ermöglichte – was allerdings gewöhnlich nicht ohne Auseinandersetzung erfolgte. Sie unterschieden die Kategorien:

1. Man kann gar nicht wegsehen
2. Wegsehen ist möglich, aber es fällt schwer.
3. Es macht keinen Unterschied, ob man hinschaut oder nicht.
4. Das Hinsehen tut weh.
5. Man könnte gar nicht hinsehen, auch wenn man wollte.

Diese Klassifizierung galt auch für Filme; wenn sich die Gruppe über die Note 5 einig war, verließ sie auf der Stelle das Theater.

Interesse

PAULI fragte einmal unvermittelt mitten im Gespräch: «Wie alt sind Sie eigentlich, Fräulein MEITNER?» MEITNER entgegnete: «Ach, Herr PAULI, ich frage Sie ja auch nicht, wieviel Sie wiegen!»

So isses

MEITNER leitete schließlich ihre eigene Abteilung, die sie fest im Griff hatte. Als HAHN und MEITNER einmal einen Aushang gemeinsam unterzeichnet hatten, stellte jemand mit einem Korrekturzeichen zwei Buchstaben um. So stand da: «Otto HAHN, lies MEITNER.»

Fachwissen

Im Kaiser-Wilhelm-Institut für Chemie in Dahlem äußerte Otto HAHN bei einer Diskussion mit MEITNER eine Ansicht, die ihr nicht zusagte. Ein Beobachter im Treppenhaus hörte, wie MEITNER die Auseinandersetzung abrupt beendete: «Hähnchen, von Physik verstehst du nichts, geh nach oben!»

Verwechslung?

Auf einem Kongreß wurde MEITNER von einem Kollegen mit den Worten begrüßt: «Wir haben uns ja schon früher kennengelernt.» MEITNER, die sich nicht erinnerte, antwortete: «Sie verwechseln mich sicher mit Professor HAHN.»

Als MEITNER wieder einmal als Mitarbeiterin HAHNs vorgestellt wurde, beklagte sie sich bei Otto HAHN: «Niemand würde auf den Gedanken kommen, dich als meinen Mitarbeiter vorzustellen.»

Indiskret

Beim ersten internationalen Radiumkongreß in Brüssel im September 1910 wurde die radioaktive Einheit 1 Curie aus der Taufe gehoben. Marie CURIE sprach MEITNER an: «Sie haben bereits einiges veröffentlicht, dabei sehen Sie aus wie ein junges Mädchen.» MEITNER entgegnete, sie sei 30 Jahre alt, woraufhin Marie CURIE meinte: «Das sagt man nicht», und das fand MEITNER «sehr nett».

Unfair

MEITNER hatte Kollegen zu einer Feier eingeladen. Als sich herausstellte, daß ihr Geburtstag der Anlaß war, schlug der beleibte und große Chemiker Otto von BAEYER, der von sich selbst sagte, er habe jahrelang seine Füße nicht gesehen, einen «Tauschhandel» vor: «Sie sagen mir, wie alt Sie sind, und ich sage Ihnen mein Gewicht.» Sie weigerte sich: «Das ist kein fairer Tausch. Sie könnten dünner werden, ich aber werde nicht jünger.»

Neue Verbindung

Zwischen Lise MEITNER und Otto HAHN blieb trotz aller herzlichen Freundschaft und gemeinsamer Arbeit eine formelle Distanz. Als HAHN 1913 heiratete, gratulierte MEITNER ihm mit den Worten:

> *«Das Leben macht manche Erfindung*
> *die jenseits der festen Mauer*
> *unserer Wissenschaft steht.*
> *Wir wünschen der neuen Verbindung*
> *recht lange Lebensdauer*
> *bei höchster Aktivität.»*

Kosmetik

MEITNERS Habilitationsvortrag hatte den Titel «Die Bedeutung der Radioaktivität für kosmische Prozesse». Einem Reporter (oder vielleicht auch dem Setzer) kam dieses
Thema für eine Frau so ungewöhnlich vor, daß der Vortrag
unter dem Titel «Probleme der kosmetischen Physik» angekündigt wurde.

Kapitel 9
«Wir wußten gar nicht, daß Sie ein so guter Sänger sind!»

Berufung

Max PLANCK, mit dem EINSTEIN in Berlin gern die Mozart-Sonaten für Geige und Klavier spielte, wurde einmal gefragt, ob er nie erwogen habe, sich ganz der Musik zu widmen. «In der Tat», war die Antwort, «habe ich mich mit diesem Gedanken einst getragen, und ich habe mich sogar an einen großen Musiker mit der Frage gewandt, ob ich nicht Musiker werden solle. Aber wissen Sie, was er mir antwortete? ‹Wenn Sie schon fragen, werden Sie etwas anderes!›»

Hie Wagner – hie Brahms

Max PLANCK betrieb die Musik «als Liebhaberei»: Er wirkte als Chormeister, Komponist und Solist als Sänger, Klavier- und Orgelspieler im Akademischen Gesangsverein, trat in Frauenrollen auf der Bühne auf und erregte mit seiner 1876 aufgeführten Operette «Die Liebe im Walde» mit «heiteren und lieblichen Melodien» Erstaunen. PLANCK genoß besonders die Veranstaltungen im Hause HELMHOLTZ, bei denen sich, wie er sagte, «ein Kreis erlesener Männer und Frauen und Vertreter der Wissenschaft und der Kunst des Abends zusammenfand». Dort spielte Joseph Joachim die von ihm bearbeiteten, damals neu erschienenen Ungarischen Tänze von Brahms, und man sang

Wotans Abschied aus der Walküre. «Natürlich bei einer anderen Gelegenheit, denn damals gingen die Wogen in dem Streit hie Wagner – hie Brahms noch sehr hoch; aber sie reichten doch nicht hinauf bis zum Standpunkt von HELMHOLTZ, der auch in der Kunst allem Dogmatischen abhold war und das Schöne und Echte anerkannte, wo er es antraf.»

Unvergleichlich

Die Möglichkeiten, Musik kennenzulernen, waren in früheren Zeiten andere als heute. Beispielhaft sind hierfür die Erinnerungen der Tochter von Carl RUNGE an ihre Jugend um die Jahrhundertwende:

«Das Größte war es doch, als eines Abends ein schwarz gebundener Klavierauszug auf dem Flügel lehnte, auf dem die Worte Matthäus-Passion standen. Vater begnügte sich nicht mit einzelnen Arien. Mächtig erklang unter seinen ruhigen Händen der dröhnende Kontrapunkt des Orgelvorspiels; und dann mußten wir großen Mädchen mit heran und helfen, etwas von den vierstimmigen Chören und Chorälen wiederzugeben. … Bald zeigte es sich, daß ein jüngerer Kollege viel Musikverständnis und eine schöne Baßstimme hatte; nun wurde er zu den Chorälen herangezogen. So konnte wirklich der volle Zusammenklang hervorgebracht werden, was freilich bei den ungeübten Stimmen erst nach vielen Versuchen einigermaßen gelang. Aber allmählich wurde fast die ganze Passion durchgesungen, und ihre unvergleichlichen Klänge wurden dem ganzen Hause vertraut.»

Übung

Manfred EIGEN, ein glänzender Pianist, wurde einmal gefragt, was er einem Studenten raten würde, der den Nobelpreis erhalten möchte. Er sagte: «Ich würde ihm die Geschichte von dem jungen Mann erzählen, der, den Geigenkasten unter dem Arm, in New York auf der Straße einen Passanten anhält: ‹Können Sie mir den Weg zur Carnegie Hall zeigen?› Der Passant überlegt, schaut ihn von oben bis unten an und sagt: ‹Ich würde üben, üben, üben.› Ich weiß nicht, ob man es besser sagen kann.»

Musikalische Bekanntschaft

Carl Friedrich von WEIZSÄCKER interessierte sich schon als Schuljunge in Kopenhagen für die aufregende ‹Neue Physik›. Als seine Mutter von einem Konzert erzählte, bei dem ein so begabter junger deutscher Physiker hervorragend Klavier gespielt hatte, erkannte er in dem Pianisten den Physiker Werner HEISENBERG, von dem er schon gehört und gelesen hatte; auf seine Bitte hin lud seine Mutter HEISENBERG ein, die beiden wurden Freunde und Kollegen.

Absaitiges Interesse

In SOMMERFELDs physikalischem Praktikum sollten HEISENBERG und PAULI die Frequenz einer gespannten Saite bestimmen, aber der Versuch mißlang vollständig. Die beiden zogen sich dadurch aus der Affäre, daß der musikalische HEISENBERG die Tonhöhe der Saite abschätzte und die zugehörige Frequenz nachschlug.

Familienorchester

Werner HEISENBERG hatte sieben Kinder, die schon früh zur Musik hingeführt wurden; die große Familie übte nicht nur für den Vater weihnachtliche Krippenspiele mit viel Musik ein, sondern bildete später auch den «Stamm» eines Orchesters, das, durch Freunde ergänzt, mit HEISENBERG am Klavier «richtige» Konzerte gab.

«Sitzt a kloans Vogerl ...»

Lise MEITNER und Otto HAHN sangen, wenn die Arbeit gut ging, gern zweistimmig, meistens Brahmslieder. MEITNER summte, HAHN hatte eine gute Singstimme. Bei besonders guter Stimmung pfiff HAHN große Teile aus dem Violinkonzert von Beethoven; dabei änderte er manchmal absichtlich den Rhythmus des letzten Satzes und freute sich, wenn MEITNER dagegen protestierte.

«Aber nicht Tante»

Otto Robert FRISCH, MEITNERs Neffe, arbeitete seit 1927 in Berlin und oft mit seiner Tante zusammen. Er ging mit ihr in Konzerte, und sie erarbeiteten sich die Musik für Klavier zu vier Händen. Dabei übersetzte Lise MEITNER die Tempoangabe «Allegro ma non tanto» mit «schnell aber nicht Tante».

Vielseitigkeit

NERNST hatte einmal die Ehre, dem deutschen Kaiser und der Kaiserin eine Radioübertragung vorzuführen. Der Sender stand im physikalischen Institut, und für die Sendung hatte er eine Schallplattenaufnahme mit einem Lied ausgewählt, das der berühmte Tenor Enrico Caruso sang. Nach der Übertragung wurde NERNST ins Schloß geladen, wo ihm die Kaiserin zu der wundervollen Vorführung gratulierte und sagte: «Verehrter Herr Professor, wir wußten gar nicht, daß Sie ein so guter Sänger sind!»

Geschmack

Bei einem Abendempfang wurde im Hause BOHR Brahms musiziert. Lew LANDAU, der als Student einer Gruppe *Jazzband* angehört hatte und dessen Geschmack Brahms wohl nicht ganz entsprach, schnitt Grimassen und führte sich ziemlich auf. Nachher fragte ihn DIRAC, warum er nicht hinausgegangen wäre, wenn ihm die Musik nicht gefiele? «Daran ist Frau CASIMIR schuld», sagte LANDAU. «Sie mag die Musik auch nicht sehr und deshalb schlug ich vor, zusammen hinauszugehen. Warum wollte sie nicht mitkommen?» DIRAC antwortete in seiner üblichen ruhigen und klaren Art: «Vermutlich wollte sie lieber Musik hören, als mit Ihnen aus dem Zimmer gehen.» Darauf wußte LANDAU nichts zu antworten.

Phänomenologie

Der Wiener Teilchenphysiker Herbert PIETSCHMANN entgegnete einer besorgten Mutter, die davon erzählte, daß ihr Sohn bei der Suche nach einem Doktorvater den Wechsel von der Phänomenologie der Elementarteilchen zur Theorie erwog: «Gnädige Frau, verstehen Sie etwas von Musik? Die Theorie, das ist Czerny; die Phänomenologie aber – das ist Beethoven.» Der Sohn promovierte später bei PIETSCHMANN.

Kammermusikalische Formel

Robert MANN, der Primarius des Juillard-Quartetts, fand die physikalische Gleichung für die Kammermusik: $E = (MC)^4$: Emotion gleich Cammer-Musik, auf die vier Teilnehmer wirken: Ein Streichquartett.

Prüfstein

Als Student hatte Robert MANN in einem Gespräch mit einem vermeintlichen Kommilitonen geäußert, was er für die Schwäche der gängigen Kammermusikausführung hielt. Dieser, der Physiker Hy GOULDSMITH, lud ihn daraufhin zu einem informellen Musizieren in seine Wohnung einlud, bei dem er seine Auffassung demonstrieren könne.

Zur verabredeten Zeit wurde ihm die Tür von Isaac Stern geöffnet, bald darauf erschien Gregor Piatigorsky, und der Bratschist war niemand anders als William Primrose. Und als sie gerade anfangen wollten, flüsterte GOULDSMITH ihm zu: «Jetzt können Sie zeigen, worauf es bei der Kammermusik ankommt!»

Religion

«Wissenschaft wurde mein Beruf, Musik aber bleibt meine Religion. Was Religion, was der Gottesbegriff beinhaltet, erfuhr ich durch die Oratorien der großen Komponisten (was ich für den weitaus besseren Zugang halte als den Religionsunterricht in den Schulen)», sagte Viktor WEISS-KOPF. Er pflegt in seinen Vorträgen über die Entstehung des Universums den Urknall, die Explosion von Strahlung, zunächst in der Sprache der Wissenschaft zu erklären.

Dann «illustriert» er eine andere Ansdrucksweise mit einem Fragment von Haydns *Schöpfung*, in dem der Chor der Engel in die musikalische Schilderung des Chaos hinein singt: «Und Gott sprach: Es werde Licht». Bei «Licht» erstrahlt ein leuchtender C-Dur-Dreiklang, und der Erzengel Uriel singt: «Und Ordnung keimt hervor».

Nachfolger gesucht

EINSTEIN musizierte in Prag häufig zusammen mit einer älteren Klavierlehrerin. Als er schon nach drei Semestern die Stadt verließ, mußte er versprechen, als Nachfolger wieder einen Geiger vorzuschlagen. Sie forderte dann auch wirklich seinen Nachfolger Philipp FRANK auf, mit ihr zu musizieren. Als er gestand, daß er noch nie eine Geige in der Hand gehabt hatte, war sie entrüstet: «Also hat EINSTEIN mich doch getäuscht.»

Störungen

EINSTEIN hatte es gar nicht gern, wenn seiner Darbietung keine angemessene Aufmerksamkeit gezollt wurde. So hörte er einmal einfach auf zu spielen, als eine Gruppe älterer Damen während seines Spiels ihr Strickzeug zur Hand genommen hatte, denn, so sagte er auf Befragen, er dürfe sie doch nicht bei ihrer Arbeit stören.

Relativität

EINSTEIN spielte dem großen Cellisten Gregor Piatigorsky auf seiner Geige vor. «Wie gefällt Ihnen mein Spiel?» fragte er vorsichtig. Piatigorsky war ein wenig verlegen. Endlich sagte er: «Relativ gut.»

Zu oft

EINSTEIN wurde einmal eine Karte für eine Aufführung des *Tristan* mit Lauritz Melchior und Kirsten Flagstad angeboten. Er lehnte sie ab: «Nein, danke. Sie sind mir schon zu oft gestorben.»

Wie du mir

EINSTEIN erholte sich von der Arbeit und den um ihn herum entstehenden Rummel beim Spiel auf seiner Lina, der Geige, ohne Zuhörer. Besonders gern spielte er in Berlin in der gekachelten Küche, weil es dort so gut klang. «Zuerst improvisiere ich», sagte er einmal, «wenn das nicht hilft, suche ich Trost bei Mozart. Aber wenn sich beim Improvisieren doch ein Weg anbietet, brauche ich Bachs klare Konstruktionen, um meinen Gedanken weiterzuführen.»

Maul halten

EINSTEIN antwortete einmal auf die Rundfrage einer Zeitschrift, was er zu Bachs Lebenswerk zu sagen habe: «Hören, spielen, lieben, verehren und – das Maul halten.»

Angenehm

Als Einstein bei der Nachsitzung nach einem Prager Vortrag in der naturwissenschaftlichen Gesellschaft «Urania» nicht umhin konnte, sich für all die Lobeshymnen zu bedanken, griff er zur Geige und spielte eine Sonate von Mozart, weil er das für «vielleicht angenehmer und verständlicher» hielt.

Wie ich dir

Als der Schriftsteller Ferencz Molnar EINSTEIN einmal beim Geigenspiel überraschte und in Lachen ausbrach, wies ihn EINSTEIN zurecht: «Warum lachen Sie, Molnar? Ich lache auch nicht in Ihren Lustspielen!»

Inadäquat

Auf die Frage, ob sich prinzipiell alles auf physikalische Gesetzmäßigkeiten zurückführen lasse, erwiderte EINSTEIN: «Ja, das ist denkbar, aber es hätte doch keinen Sinn. Es wäre eine Abbildung mit inadäquaten Mitteln, so als ob man eine Beethoven-Symphonie als Luftdruckkurve darstellte.«

Moderato assai

Das berühmte Juillard-Quartett bot dem berühmten EINSTEIN nach einem Sonntag-Nachmittags-Konzert in Princeton an, in seinem Haus für ihn zu spielen. Der Primarius gab später einen launigen Bericht: EINSTEIN empfing die Musiker in glänzender Laune und äußerst bequemer Kleidung. Hoffnungsvoll hatten die Musiker eine Bratsche und die Noten für Mozarts zwei Bratschen-Quintette mitgenommen. Nachdem sie Quartette von Beethoven und Bartok gespielt hatten, denen EINSTEIN vom Nebenzimmer her zuhörte, weil er nicht abgelenkt werden wollte, überfielen sie ihn mit der Bitte, er möge mit ihnen musizieren. Nach einigem Sträuben – wegen einer Handverletzung hatte er jahrelang nicht spielen können – wählte er das g-moll-Quintett. Er spielte fast auswendig die zweite Geige, und die Sauberkeit seines Tons und seine Konzentration beeindruckten die Berufsmusiker.

Das Quartett richtete sich natürlich sofort nach den von EINSTEIN ausgehenden musikalischen Impulsen und genoß es einfach, mit einem so großen Menschen zusammen zu musizieren. Langsam, langsamer und am langsamsten krochen die Sätze des Quartetts. Im selben Maß wuchs das Glück der Musiker. Beim Abschied äußert EINSTEIN seine Bewunderung für die USA und die dortigen Musiker. Genau wie das Leben dort zu rasch sei, spielten sie jedoch leider auch ihre Musik zu schnell. Dieser Vorwurf war auch dem Juillard-Quartett schon gemacht worden. «Man tadelt Sie für Ihr schnelles Spiel?» fragte EINSTEIN, und fügte, offenbar in Gedanken an das gerade in Muse musizierte Quintett, hinzu: «Ich verstehe nicht, warum.»

Kapitel 10
«Eine kleine Nachtphysik»

Ableitung

Der Zahlentheoretiker Ernst ZERMELO war ein Einzelgänger, der den Whiskey der Gesellschaft mit anderen vorzog. Er bewies gern, daß es unmöglich sei, den Nordpol zu erreichen – es war noch vor Peary's Expedition: Die Menge Whiskey, die nötig ist, einen bestimmten Breitenkreis zu erreichen, sei proportional zum Tangens an diese Breite, gehe also in der Nähe des Nordpols gegen unendlich.

Mahlzeit

Die jungen Physiker um BOHR, von denen viele aus dem Ausland kamen, hatten gelegentlich Schwierigkeiten damit, sich an das dänische Leben zu gewöhnen, denn in Dänemark, so fanden sie, interferierten die üblichen fünf Mahlzeiten mit der Arbeit: «Immer, wenn man einen guten Gedanken hat, ist es Zeit zum Essen!»

Heimweh

BOLTZMANN fühlte sich sehr als Wiener und als solcher dem heimischen Essen und Trinken verbunden: «Kein Wiener wird [vor einer großen Reise] ungerührt das letzte Gollasch mit Nockerl essen, und konzentriert der Schweizer sein Heimweh in der Erinnerung an den Kuhreihen und die Herdenglocken, so der Wiener an das Geselchte mit Knödel.»

Erinnerungsverlust

BOLTZMANN «begoß» sein Essen gern: «Mein Zahlenge-
dächtnis, sonst erträglich fix, behält die Zahl der Biergläser
stets schlecht.»

Gewöhnung

Nach Beginn des Ersten Weltkriegs baute RÖNTGEN in
Weilheim möglichst viel Gemüse, später sogar Kartoffeln
und Getreide an und erwog die Aufzucht eines Schweins.
Der Entschluß zum vorweihnachtlichen Schlachten fiel
ihm jedoch schwer, auch weil RÖNTGEN sich inzwischen
gut an fleischlose Kost gewöhnt hatte.

Reines Gift

Lise MEITNER und Gustav HERTZ trafen sich oft bei sogenannten Teesitzungen im Institut. HERTZ nahm das einmal
zum Anlaß, MEITNER zu verschrecken. Er lehnte den Tee
ab: «Das Zeug ist mir verleidet, geben Sie mir Alkohol!»
und ließ sich von einem Studenten eine Flasche mit reinem
Alkohol aus dem Regal reichen. MEITNER war entsetzt:
«Aber HERTZ, Sie können das unmöglich trinken, es ist
reines Gift.» HERTZ jedoch goß sich ein Glas ein und trank
es leer – er hatte den Alkohol zuvor durch Wasser ersetzt.

Grundlose Feier

FERMI pflegte den 17. März als Jahrestag der Entdeckung der
Kernreaktionen, die ihm den Nobelpreis eintrug, gebüh-
rend, aber allein, in seinem Stammlokal mit einer guten
Mahlzeit zu feiern. Als ihm der Kellner nach einer solchen
Feier die Rechnung vorlegte, bemerkte er mit Erstaunen, daß

als Datum der 18. März angegeben war. Als er sich davon überzeugt hatte, daß der Ober recht hatte, sagte er betrübt: «Da habe ich mich ja heute ganz grundlos betrunken!»

Genießbar

Zu den Gästen eines sonntäglichen Mittagessens bei Pascual JORDAN gehörte auch ein junger Inder, der gerade nach Hamburg gekommen war, um bei JORDAN zu arbeiten – Anfang der fünfziger Jahre sozusagen eine Seltenheit. Vermutlich war das europäische Essen für den jungen Mann recht ungewohnt. Als Frau JORDAN, mit berechtigtem Stolz auf das besonders gelungene Dessert, freundlich fragte: «Schmeckt es Ihnen?» antwortete BRAMACHARI in seinem mühsam erlernten, ihm offensichtlich noch ungewohnten Deutsch: «Man kann es essen!»

Fragwürdige Ernährung

JORDAN hörte einmal interessiert zu, als berichtet wurde, welche schlankmachende Wirkung eine Diät von trockenem Reis haben könnte. Er fragte zweifelnd: «Schmeckt das?» und schon bevor die etwas einschränkende Antwort gegeben werden konnte, zeigte sein Gesicht deutlich, daß ihm diese Kur nicht zusagen konnte. Auch gegen allzu «Gesundes» hegte er eine Aversion. Als eine Tischnachbarin einen Salatteller bestellte, vergewisserte er sich: «Ziegenfutter?»

Kuchen und Physik

Zu SOMMERFELDs Zeiten trafen sich die Münchner Physiker gewöhnlich nach dem Mittagessen zu «Kuchen und

Physik» im Café Hofgarten in der Nähe des Münchner Instituts. Sie pflegten ihre Formeln und Diagramme auf die Marmortische zu schreiben – zum Kummer der Serviererinnen, die sie grollend abwischten. Als sie einmal mit der Lösung einer Aufgabe, die sie auf der Marmortischplatte entwickelt hatten, stecken geblieben waren, staunten sie am nächsten Tage nicht schlecht, als inzwischen jemand weitergerechnet und die Lösung gefunden hatte. Gelegentlich rechnete auch SOMMERFELD selbst eine schwierige Rechnung zu Ende, bei der ein Student nicht weiter gewußt hatte. Wenn es sehr langwierig war, sagte er wohl: «Herr Ober, bitte ein Glas Wasser und einen neuen Tisch.»

Sichtlich vergnügt

Das gesellschaftliche Leben der Professoren konzentrierte sich in Universitätsstädten auf die Einladungen, welche die Professoren im Lauf des Jahres gaben. In Göttingen waren LANDAUs Einladungen, zu denen HILBERT niemals kam, eine Art Intelligenzprüfung, denn man spielte Spiele, bei denen es Gewinner und Verlierer gab. Emmy NOETHER war berühmt für ihre «Kindergesellschaften», an denen HILBERT gern teilnahm. Bei WEYL gab es am Sonnabend nachmittag einen sehr eleganten und formellen Tanztee mit vielen schönen jungen Mädchen. Bei COURANT gab es oft musikalische Abende, zu denen auch immer Studenten eingeladen wurden.

Damit bei einer solchen Gesellschaft, wie sie im Winter ein- oder zweimal stattfanden, alles nach der rechten Sitte ablief, wurde gewöhnlich eine «Servierfrau» engagiert. Nach ihrem Terminplan richteten sich Datum und Menü, denn sie hatte ja die Übersicht, was bei den anderen Diners geboten wurde. «Sie erschien», so erzählt RUNGEs Tochter Iris, «am Nachmittag in schwarzem Kleid und weißer Schürze, um zunächst den Tisch für etwa 16 Personen mit dem feinsten Damast, dem besten Silber und Kristall zu decken. In der Küche half ihr die Köchin. Da der Schwerpunkt in der Unterhaltung lag, legte man Wert darauf, daß die Bewirtung nicht zu lange brauchte.»

Bei SOMMERFELD in München gab es regelmäßig «Semestereinladungen», bei denen SOMMERFELD gern vor dem Essen Klavier spielte – vor allem Beethoven. Wenn – nach dem Essen – sein Kollege ROLLWAGEN spielte, genoß SOMMERFELD indessen seine Zigarre und fand: «Soviel besser war das ja auch nicht.»

Ein Teilnehmer berichtet: «SOMMERFELD war ein geläufiger Klavierspieler, und unter den Physikern gab es meist gute Geiger oder Cellospieler. Diese Hausmusik war meist ungeprobt und mußte unterbrochen und neu begonnen werden, wenn die Spieler zu sehr auseinander kamen. Aber sie setzte so manchen von uns, der nichts von Musik wußte, den Klassikern aus, und öfter auch einem erläuternden Kommentar oder Wiederholung von Themen, so daß das Interesse und Verständnis der unmusikalischen unter den Anwesenden wuchs.»

In den USA trafen sich in den dreißiger Jahren viele «berühmte Emigranten», die viel von der europäischen Tradition und Lebensweise mitbrachten; manchen von ihnen machte der Mangel an europäischen Traditionen zu schaffen. John von NEUMANN etwa vermißte eine Gaststätte im europäischen Stil so sehr, daß er eine Zeitlang den

Plan hegte, selbst eine einrichten zu lassen. Er gab den Plan auf und (dafür?) berühmte Partys. Mindestens einmal in der Woche traf man sich in seinem großen Haus. Livrierte Diener servierten die Getränke, es wurde getanzt, geraucht, laut gelacht, und man fühlte sich unter Freunden. Ein Augenzeuge berichtete: «Die alten Genies wurden richtig zugänglich.»

Eine kleine Nachtphysik

Fritz HOUTERMANS traf sich in Berlin mit seinen «Buben» gern und oft zu nächtelangen Trink- und Diskussionsrunden, die sie «Eine kleine Nachtphysik» nannten.

Kapitel 11
«Wenn Sie den Professor nicht finden, schauen Sie in den Bäumen nach!»

Pflicht

Für MEITNER, die lange Zeit ihres Lebens in der sogenannten Holzwerkstatt im Kellerlabor arbeiten mußte, war Spazierengehen eine «heilige Pflicht des Naturforschers».

Tradition

HILBERT lud seine «Wunderkinder», die gescheitesten und interessantesten Studenten, zu langen Spaziergängen ein. Damit setzte er die Tradition fort, die er in Königsberg gepflegt hatte: Dort hatten sich jeden Nachmittag «Punkt fünf» HILBERT, MINKOWSKI und HURWITZ zu einem Spaziergang «zum Apfelbaum» getroffen. «Auf unendlichen Spaziergängen vertieften wir uns in die aktuellen Probleme der Mathematik jener Zeit, tauschten unsere neu erworbenen Erkenntnisse, Gedanken und wissenschaftlichen Pläne aus und wurden Freunde fürs Leben.» In Göttingen trafen sich die vier Mathematikprofessoren HILBERT, MINKOWSKI, RUNGE und KLEIN jeden Donnerstag nachmittag um drei Uhr zu einer Wanderung, bei der sie, so HILBERT, «über alles sprachen, auch über die Belange der Fakultät», und bei der die Wissenschaft «nicht zu kurz kam».

Jugendbewegt

Niels BOHR hatte es sich zur Regel gemacht, jeden neuen Schüler kurz nach der Ankunft zu einem Spaziergang aufzufordern. Obwohl alle die größte Ehrfurcht vor ihm spürten, brachte er seine jungen Kollegen dazu, offen über sich selbst zu reden. Mit HEISENBERG, für dessen Erfahrungen in der Wandervogelbewegung BOHR großes Interesse zeigte, unternahm er bald nach dessen Ankunft in Kopenhagen eine mehrtägige Wanderung.

Geschworen

Max von LAUE und Otto STERN erörterten bei einem Spaziergang auf dem Üetliberg bei Zürich STERNs Abhandlung über das Wasserstoffatom. Sie schworen, die Physik an den Nagel zu hängen, falls sich diese neumodischen Ideen als relevant erweisen sollten, und nannten ihren Entschluß den «Üetlischwur».

Leitbild

SOMMERFELD war viel weniger «professoral» als die meisten seiner damaligen Kollegen. Oft ging er mit seinen Studenten zum Skifahren oder Bergsteigen in die Alpen – «bergauf und bergab, und die ganze Zeit über wurde über Physik geredet». Walter GERLACH sah im Bergführer sogar ein Vorbild für den Pädagogen: «Zwingt der Bergführer seinen Touristen? Nein, er geht auf seine Wünsche ein, er spricht mit ihm über die Möglichkeiten, über die Aussichten eines schweren Schrittes, er paßt sich seinen Wünschen an, er berät ihn – und erst im Augenblick der Gefahr macht er von seiner Autorität, von seiner Macht Gebrauch. Und glauben Sie, daß ein Bergführer Freude hat an dem Wanderer, der sich wie ein Lamm am Seil führen läßt?»

Lernfreude

Max PLANCK war ein leidenschaftlicher Bergsteiger und bestieg noch im Alter von 85 Jahren Dreitausender. Stundenlang saß er danach im Gasthof mit Einheimischen zusammen, die nicht ahnten, mit wem sie sprachen. «Sind solche Gespräche nach einer Bergtour nicht ermüdend?» fragte ihn ein Kollege. PLANCK antwortete: «Von jedem gescheiten Menschen, der seinen Beruf gut ausfüllt, kann man viel lernen.»

Hoch hinaus

Der Chemiker Karl ZIEGLER wurde einmal bei einer Einladung zum Kaffee im Hause eines Kollegen vermißt – und schließlich oben an der mit Backsteinen verkleideten Hauswand gefunden, schon in der Nähe des Dachs.

Arbeitsweisen

HILBERT arbeitete am liebsten «unter freiem Himmel». In seinem Göttinger Haus, das er sich 1896 in der Wilhelm-Weber-Straße baute, hing an der Wand des Nachbarhauses unter einem Überdach eine sechs Meter lange Wandtafel. Als 45jähriger hatte er radfahren gelernt, und davon war er so begeistert, daß er das Fahrrad am liebsten immer in seiner Nähe hatte. Wenn er eine Weile an seiner großen Wandtafel gerechnet hatte, unterbrach er die Arbeit, sprang auf sein Fahrrad und umrundete in Achterbahnen die beiden kreisförmigen Rosenbeete seines Gartens. Dann ließ er das Rad wieder fallen und arbeitete weiter an der Tafel. Manchmal beschnitt er zwischendurch einen Baum, grub etwas um oder jätete Unkraut. Die Haushälterin schickte die vielen Besucher mit dem Hinweis in den Garten: «Wenn Sie den Herrn Professor nicht finden können, schauen Sie in den Bäumen nach.»

Deja vu

HILBERT machte zur Erdbeerzeit gern am Sonnabend nachmittag mit seinen Studenten einen Fahrradausflug. Sie hatten schon tagelang gesehen, daß HILBERT eine Hose trug, die hinten einen Riß hatte. Die Achtung vor dem verehrten Lehrer hatte seine Schüler daran gehindert, ihn darauf aufmerksam zu machen. Jetzt beschlossen sie, ihm bei der Rast auf dem Nikolausberg, wo sie Erdbeeren mit Sahne essen wollten, zu sagen, er habe sich beim Absteigen die Hose zerrissen. «Ach nein,» meinte HILBERT jedoch nach einem Blick auf den Schaden, «das ist schon seit zwei Wochen so.»

Skifahren ganz einfach

Der sportbegeisterte Otto RUNGE regte HILBERT und einige der jüngeren Professoren im schneereichen Winter 1906 an, das Skifahren zu lernen. Sie importierten die Ausrüstung aus Norwegen und machten ihre ersten Versuche am Hang unterhalb des beliebten Gasthauses *Der Roons*. HILBERT erzählte nach einem solchen Ausflug MINKOWSKI davon, wie er gefallen sei und ein Ski sich gelöst habe. Der sei den Hügel hinuntergerutscht, und er habe deswegen den anderen abnehmen und durch den tiefen Schnee tragen müssen. Es sei alles gar nicht so einfach gewesen. MINKOWSKI meinte: «Warum hast du den zweiten Ski nicht einfach in der Spur des

ersten rutschen lassen? Dann wäre er bei ihm gelandet.»
– «Oh», sagte HILBERT, «daran hat RUNGE gar nicht
gedacht.»

Wenn genug Schnee lag, lief HILBERT gern auf seinen
Ski zur Vorlesung. Er kam dann atemlos in das Auditorium
und begann schon an der Tür zu sprechen, während er mit
riesigen Skistiefeln ans Podium polterte.

Der berühmte Bruder

Durch Edmund LANDAU kam Harald BOHR nach Göttingen, ein in Dänemark berühmter und beliebter Fußball-
spieler, der bei den olympischen Spielen 1908 mit seiner
Mannschaft die Silbermedaille gewonnen hatte. Die Nachricht von seinem bestandenen Doktorexamen erschien auf
der Sportseite.

Nach einem Fußballspiel fuhren die Brüder BOHR mit
der Straßenbahn nach Hause, Niels im Innern, Harald
wegen der Überfüllung auf der Plattform. Als Niels nach
seinem Bruder Ausschau hielt, tippte ihm sein Nachbar auf
die Schulter: «Ja, das ist wirklich der berühmte Fußball-
spieler Harald BOHR!»

Als Niels BOHR auf der Straße von Passanten gegrüßt
wurde und sein Begleiter sich über das hohe Ansehen der
Physiker in Kopenhagen wunderte, meinte BOHR: «Man
grüßt mich, weil man mich als Boxer kennt.»

Tatsächlich war BOHR so bekannt, daß ein Brief mit der
Anschrift: Herrn X., c.o. Bohr, Dänemark, den Adressaten
erreichte. Ein Vater hatte damit testen sollen, ob der Men-
tor seines Sohnes wirklich so bekannt war, wie der Sohn
behauptet hatte. Ein Taxifahrer weigerte sich sogar, Geld

für die Ehre zu nehmen, einen Besucher zu BOHR fahren zu dürfen.

Verpflichtung

HEISENBERG spielte außerordentlich gern Tennis, und eine seiner ersten «Amtshandlungen» in Leipzig war ein Besuch auf dem Universitätssportplatz, wo er bald in ein Spiel verwickelt war. Als er seinen Mitspielern erklärte, jetzt müsse er leider abbrechen, sein Kolleg beginne gleich, meinten die anderen, an einem so schönen Tag könne er doch ruhig schwänzen. Etwas schüchtern soll HEISENBERG bekannt haben: «Ich muß das Kolleg doch selber halten.»

Entscheidungsfindung

HEISENBERG lag wenig an Geltung oder Ruhm; aber er konnte den Gedanken nicht ertragen, etwas schlechter zu tun als andere. Auch in Spielen wie Tennis und Schach, die er sehr liebte, mochte er keine Niederlagen. Als er im Urlaub auf Helgoland einmal gegen Carl Friedrich von WEIZSÄCKER ohne Uhr (aber fast rund um die Uhr) Schach gespielt hatte, war sein Ehrgeiz beim Stand von 2:2 gebrochen – hätten sie weitergespielt, wären beide nicht mehr zur Physik gekommen.

Der mit Freunden und Kollegen gemeinsam betriebene Sport war für ihn ein Mittel, Kontakt aufzunehmen und zu pflegen. HEISENBERG war dabei sehr leistungsorientiert und spielte wohl immer gut, aber er vorlor nicht gern. Sein japanischer Mitarbeiter Yoshio NISHINA spielte besser Tischtennis als er und schlug ihn regelmäßig. HEISENBERG soll nach einer Niederlage gegen NISHINA drei Tage lang von der Bildfläche verschwunden gewesen sein.

In HEISENBERGs Seminar war es zeitweise üblich, eine wissenschaftliche Frage, über die man sich nicht einigen konnte, durch eine Partie Tischtennis zu entscheiden. Doch keiner von HEISENBERGs Diskussionsgegnern hatte einen Vorteil davon. Er schlug sie auch hier und sagte dazu: «Nach den eindeutigen Spielregeln des Tischtennis gibt es somit keine Möglichkeit mehr, die Niederlage zu bestreiten.»

Poker

HEISENBERG verstand es, ein Pokergesicht aufzusetzen. Diese fast sportliche Leistung erfüllte ihn mit besonderem Stolz, als er sie zum Wohle der Familie einsetzen konnte: Er nutzte Einladungen zu Vorträgen in der Schweiz während des Krieges auch dazu, die für eine kinderreiche Familie wichtigen Dinge wie Nivea- und Penatencreme, Kämme und ähnliches zu besorgen. Auf dem Rückweg von einer solchen Vortragsreise, als alle Taschen voll waren mit solchen Sachen, sollte er angeben, ob er etwas zu verzollen hätte. Um nicht lügen zu müssen, sagte er: «Sie können ja nachschauen.» Darauf meinte der Zollbeamte: «Sie können ja die Dinge an sich versteckt haben.» Darauf bot HEISENBERG an: «Dann können Sie ja eine Leibesvisitation machen.» Der Zollbeamte: «Ja, kommen Sie mit in die Kabine.» HEISENBERG fragte freundlich: «Bitte, was wollen Sie sehen?» Der Beamte erklärte: «Nein, ich sehe schon, Sie haben nichts» und ließ ihn gehen.

Automobilisten

NERNST war ein Autonarr. Er kaufte sich als sein erstes Auto einen gebrauchten Opel und sagte gern: «Ich fahre einen umgekehrten Leporello.» (Von hinten lesen!)

Die Übersiedlung der Familie NERNST von Göttingen nach Berlin erfolgte 1906 im eigenen Auto. Eine Photographie zeigt NERNST im Fahrerpelz am Lenkrad des offenen Wagens, neben ihm den Institutsmechaniker und hinten die Familie. Der Kühler war von zwei Reservereifen umrahmt. Trotz all dieser Vorsichtsmaßnahmen blieb der Wagen unterwegs liegen; die Ankunft verzögerte sich um einen Tag. Lange hielt sich das Gerücht, NERNST, der Begründer der Theorie der galvanischen Elemente, habe die Batterie am Tag vor der Abreise mit falscher Polung aufgeladen.

Eine Autofahrt mit Wolfgang PAULI konnte offenbar eher einem Alptraum als einem Genuß gleichen. PAULI pflegte während der Fahrt häufig, nach hinten gewandt, wobei er das Lenkrad losließ, zu versichern: «Ich fahre ziemlich gut». CASIMIR erzählte, wie sie, weil sie den Zug verpaßt hatten, nachts mit PAULI am Steuer von Luzern nach Zürich fuhren und PAULI sich angesichts des vor ihm aufgehenden Mondes über Fahrer beschwerte, die nicht abblenden.

Als der junge Joe MAYER um 1930 aus Amerika zum Studium nach Göttingen kam, beeindruckte er alle Studenten, als er zu einem Autohändler ging, einen Stapel Geldscheine hinblätterte und mit einem neuen Auto wegfuhr. Ein Student mit Auto war eine geradezu absurde Vorstellung. Vielleicht half es ihm, Herz und Hand der begehrten Mizzi GÖPPERT zu gewinnen.

Max von LAUE, ein großer Liebhaber schneller Fahrzeuge, fuhr gern Motorrad. Er bot einem Kollegen an, auf dem Notsitz mit ihm zu einem Gespräch nach Hause zu fahren. Weil der Motor nicht anspringen wollte, mußte der Kollege anschieben – und dann fuhr von LAUE weg. Er merkte erst daheim, daß er den Kollegen hatte stehen lassen.

Tinnef

EINSTEIN segelte gern, nicht in Regatten oder langen Fahrten, sondern um die Natur zu genießen und träumen und denken zu können. Schon in Zürich hatte er mit von LAUE gesegelt; in Berlin fühlte er sich mit seinem *Tümmler* wohl ein wenig wie Robinson. In den USA segelte er mit einem kleinen Boot, das er *Tinnef* getauft hatte. Seine Freunde dort sorgten sich um ihn, weil er nicht schwimmen konnte. Tatsächlich lief sein Boot 1944 auf einen Felsen, kippte um, und EINSTEIN verfing sich im Segel. Er wurde unter Wasser gezogen und konnte sich nur mit Mühe befreien. Zum Glück war das Wasser warm, und bald schon kam ein Motorboot zur Hilfe. Seine Pfeife soll EINSTEIN dabei nicht aus der Hand gelassen haben.

Entflammt

HILBERT tanzte gern, und in seinen ersten Göttinger Jahren verging kaum ein schöner Sonntag, an dem die Familien HILBERT und MINKOWSKI nicht nach Mariaspring wanderten, einem beliebten Ausflugslokal, wo HILBERT seine jeweilige «Flamme» – meist eine der hübschen jungen

Frauen seiner Kollegen – schwungvoll herumwirbelte und, wenn die Musik aufhörte, in sein großes Lodencape einhüllte, um sie zu umarmen und abzuküssen.

His Master's Voice

Bei sogenannten «Gesellschaften» im Hause HILBERT wurde nach dem Essen der Teppich aufgerollt, damit man tanzen konnte. Die Musik kam von einem Grammophon – ein Verehrer ließ dem berühmten Professor das jeweils neueste Modell seiner Fabrikate zustellen –, die Anweisungen gab HILBERT auf Französisch, und es war die Pflicht des Assistenten, die Platten auszuwählen und umzudrehen. HILBERT hörte am liebsten die neuesten Schlager, und er wollte sie laut hören, was damals bedeutete, daß sie mit einer großen Nadel abgespielt werden mußten. Alfred LANDÉ, ein Schüler SOMMERFELDs, der nach Göttingen gekommen war, als HILBERT SOMMERFELD um einen seiner Schüler gebeten hatte, erinnerte sich noch fünfzig Jahre später an die Qualen, die ihm als Musikfreund diese Aufgabe bereitete.

Tanzvergnügen

HILBERT tanzte auch als älterer Herr – und seinerzeit war ein Mann das schon, wenn er fünfzig war – noch gern, und ging viel lieber zum Rektorenball als zu dem vornehmen Empfang, den der Rektor für die Professoren und ihre Gattinnen gab. Er erklärte jungen Damen gern die Mathematik: «Aber mein Kind, das *müssen* Sie verstehen!» Einmal dichtete er seinem «geliebten Engel» eine Aufforderung, seine Favoritinnen zu dem Ball einzuladen:

> *Lieber*
> *Engel*
> *Mach mit Eile*
> *Daß Mareille*
> *Kar–, Ils–, und Wei–,*
> *Diese drei*
> *Auf jeden Fall*
> *Kommen zum Rektorenball.*

Er schrieb es auf ein Stück Papier, das er in Form eines Engels geschnitten hatte und deponierte es heimlich im Rektorat.

Zu glattes Parkett

DIRAC und HEISENBERG überquerten einmal gemeinsam den Atlantik. HEISENBERG tanzte gern und oft, DIRAC dagegen blieb immer sitzen. Einmal fragte er HEISENBERG, warum er tanze. Der meinte, das Tanzen mit netten Mädchen sei eine Freude. DIRAC überlegte: «Wie kann man vorher wissen, daß die Mädchen nett sind?»

Kapitel 12
«Vielleicht weiß ich zuviel?»

Offenbarung

Nach seiner Emeritierung beschäftigte sich NERNST viel mit Fragen zum Aufbau des Weltalls. Im Gespräch mit einem Astrophysiker soll er einmal gesagt haben: «Für mich, Herr Kollege, birgt das Weltall keine Geheimnisse mehr.»

Seine Frau Emma notierte eine seiner letzten Bemerkungen: «Ich bin schon im Himmel gewesen. Es ist sehr hübsch dort, aber ich habe ihnen gesagt, wie sie es noch besser haben können.»

Mitgefühl

Lise MEITNER war einmal zugegen, als EINSTEIN einem Journalisten ein Interview gewährte. Sie meinte, dafür sei ihr die Zeit zu schade, doch EINSTEIN sagte: «Aber Lise, der Wissenschaftler will leben, der Straßenkehrer will leben, und der Journalist will auch leben.»

Versicherung

Wenn HARDY vor einem seiner häufigen Besuche bei Harald BOHR, die zumeist über Göttingen führten, die Reise über den stürmischen Ärmelkanal antrat, schrieb er BOHR eine Postkarte mit der Ankündigung: «Ich habe einen Beweis für die Riemannsche Vermutung!» – im Vertrauen darauf, so HARDYs Begründung, Gott, mit dem er persön-

153

lich auf dem Kriegsfuß stand – würde ihn nicht mit solchem Ruhm sterben lassen.

Kälteschutz

Wilhelm LENZ, immer in Angst vor Erkältungen, trug ständig einen langen warmen Schal, in den er sich im Winter so einhüllte, daß die Nase kaum zu sehen war. Erst wenn er mit der Vorlesung begann, kam sein Gesicht zum Vorschein.

Prüfungskandidaten erinnern sich, an seinem Platz zunächst nur ein Stoffgewirr gesehen zu haben, aus dem er sich mühsam herausschälen mußte, wenn er als Prüfer an der Reihe war.

Auf der Fahrt nach Bergedorf zu einem Kolloquium in der Sternwarte traf er im Zug seinen Kollegen Ludwig BIERMANN und dessen Frau. Er bat die hochschwangere Frau BIERMANN, sie möge ihm ihren Platz geben – an seinem zöge es so.

In der Zeit unmittelbar nach dem zweiten Weltkrieg hatte er sein Zimmer mit Pappkartons «ausgestopft», um es wärmer zu haben, und nur einen Teil in der Größe einer heutigen Duschkabine freigelassen. In diesem aus Holz gezimmerten Verschlag stand ein Kanonenofen.

Zu leicht

JORDAN wurde von Nachbarkindern um Hilfe bei ihren Mathematikaufgaben gebeten, mußte aber ihre Erwartungen enttäuschen: «Mir fällt nur die schwierige Mathematik leicht», sagte er.

Späte Freude

Robert OPPENHEIMER hatte als einer der ersten in den USA Vorlesungen über Quantenmechanik gehalten und eine Schule für theoretische Physik begründet, aus der viele der führenden amerikanischen Theoretiker hervorgingen. Er stellte die Physik oft in einer ziemlich abstrakten Weise dar, die nach Meinung von Emilio SEGRÉ in scharfem Gegensatz zu der einfachen, direkten Weise stand, in der FERMI Physik betrieb. Als FERMI 1940 Berkeley besuchte und in einem Seminar gehört hatte, was ein Schüler OPPENHEIMERs über FERMIs Beta-Zerfallstheorie erzählte, sagte er: «Emilio, ich werde alt und rostig, ich kann dieser komplizierten Theorie nicht mehr folgen, die OPPENHEIMERs Schüler entwickelt haben. Ich war im Seminar, aber meine Unfähigkeit, es zu verstehen, bedrückt mich. Nur der letzte Satz hat mir wieder Freude bereitet. Er lautete: ‹Und dies ist FERMIs Theorie des Beta-Zerfalls.›»

Das wichtigste Ereignis

EHRENFEST sagte vor dessen erster Begegnung mit Niels BOHR zu CASIMIR: «Jetzt wirst du Niels BOHR kennenlernen und das ist das wichtigste Ereignis im Leben eines jungen Physikers.» Zu BOHR sagte er dann: «Ich bringe dir diesen Knaben. Er kann schon etwas, aber er braucht noch Prügel.»

Aufenthaltsverlängerung

George GAMOW hatte nach Ende seines Göttinger Aufenthalts, bei dem er den α-Zerfall aufgeklärt hatte, seine Rückreise über Kopenhagen gelegt, weil er unbedingt BOHR kennenlernen wollte. Das verbliebene Geld, etwa 10 Dollar, reichte gerade für einmal Unterkunft und Verpflegung. Er wollte BOHR also unbedingt sofort sehen, obwohl seine Sekretärin sagte, es würde wohl einige Tage dauern, bevor BOHR Zeit zu einem Gespräch hätte: «Ich muß abreisen, weil ich kein Geld habe, um mir etwas zu essen zu kaufen.» BOHR kam in die Bücherei, in der GAMOW wartete, und ließ sich von seiner (noch unveröffentlichten) Arbeit erzählen. Dann sagte er: «Die Sekretärin sagt, Sie können nur einen Tag bleiben, weil sie kein Geld haben. Wenn ich Ihnen Geld besorge – bleiben Sie dann ein Jahr?» GAMOW blieb.

Initiation

Leon ROSENFELD erzählte von einer Begegnung mit BOHR: «BOHR führte mich in einen kleinen Raum, in dessen Mitte ein ziemlich langer Tisch stand. Er schob mich zu jenem Tisch und sobald ich angelehnt stand, begann er im Gehen mit ziemlich raschen Schritten eine Kepler-Ellipse von großer Exzentrizität zu beschreiben, in deren einem Brennpunkt ich mich befand. Die ganze Zeit sprach er mit sanfter, leiser Stimme und erklärte mir in groben Zügen seine Philosophie. Er ging mit gesenktem Haupt und gefurchten Brauen. Von Zeit zu Zeit blickte er auf mich und unterstrich jeden bedeutenden Punkt mit einer knappen Geste. Während er sprach, nahmen die Worte und Sätze, die ich zuvor in seinen Arbeiten gelesen hatte, plötzlich Leben an und wurden mit Bedeutung erfüllt. Es war einer jener wenigen, feierlichen Augenblicke, die im Leben von Bedeutung sind: Die Enthüllung einer Welt von großartigen Gedanken, wahrlich eine Initiation.

Es ist wohl allgemein bekannt, daß keine Einführung ordentlich zu Ende geführt wird, wenn sie nicht in irgendeiner Weise mit einer schmerzhaften Erfahrung verbunden ist. Auch in dieser Beziehung ließ meine Initiation nichts zu wünschen übrig. Da ich ja mein Gehör bis zum äußersten anstrengen mußte, um die Worte des Meisters zu erhaschen, war ich gezwungen, eine ständige Drehung um meine eigene Achse mit derselben Geschwindigkeit, die seiner Umlaufbahn entsprach, durchzuführen. Der wahre Zweck der Zeremonie wurde mir jedoch erst klar, als BOHR zum Schluß betonte, daß man nicht einmal einen leichten Abglanz von Komplementarität erfassen könne, wenn man sich nicht völlig schwindlig fühle. Als ich das hörte, kam mir mein Zustand zu Bewußtsein und ich konnte ihm nur ein stilles Zeichen meiner Dankbarkeit und Bewunderung für solch eine intensive Unterweisung geben.»

Intuition

Einmal war PAIS damit beauftragt, BOHRs Worte mitzuschreiben. Während BOHR um den Tisch lief, tropfte wiederholt der Name «EINSTEIN» aus BOHRs Mund. Dann blieb BOHR am Fenster stehen und wiederholte hinausblickend: «EINSTEIN, ... EINSTEIN». Währenddessen kam EINSTEIN herein, legte den Finger auf den Mund, damit PAIS ihn nicht verriete und schlich zur Tabakdose auf dem Tisch. PAIS war äußerst verwirrt. In dem Augenblick nun drehte sich BOHR mit einem entschiedenen «EINSTEIN» um und war sprachlos. EINSTEIN erklärte sein Vorhaben –

der Arzt hatte ihm verboten, Tabak zu kaufen, aber nicht, ihn zu stehlen – und alle brachen in Gelächter aus.

Widerspruch

Als einmal DIRAC «dran» war und BOHR kaum je einen Satz begann, ohne ihn zu widerrufen und aufs Neue zu beginnen, sagte er schließlich: «Wissen Sie, Professor BOHR, mein Lehrer sagte immer, man solle nie einen Satz anfangen, bevor man weiß, wie man ihn beenden will.»

Befristetes Interesse

Wenn BOHR sagte: «Oh, das ist ja sehr interessant», konnte man sicher sein, daß die Sache eine Stunde später widerlegt war. Er verbrämte seine Kritik gern: «Nicht um zu kritisieren, nur um zu lernen muß ich fragen: ...» oder: «Wir sind ja viel mehr einig, als Sie denken.» Wie von WEIZSÄCKER erzählt, schwankte seine Sprache zwischen deutsch, englisch und dänisch, und wenn es ganz wichtig wurde, murmelte BOHR, die Hände vors Gesicht gepreßt. Seine «bösen Buben» behaupteten, er kenne nur drei mathematische Symbole, nämlich die für «viel größer als», «viel kleiner als» und «ungefähr gleich».

Bohrs Lieblingsgeschichte

Ein Physiker hatte ein Hufeisen über der Eingangstüre zu seinem Labor hängen. Seine Kollegen waren überrascht und fragten ihn, ob er glaube, daß es seinen Experimenten Glück bringen würde. Er antwortete: «Nein, ich halte nichts von solchem Aberglauben. Aber man hat mir gesagt, daß es sogar dann hilft, wenn man nicht daran glaubt».

Nichts Dümmeres

Bei Gesprächen hielt HILBERT mit seiner Meinung nicht zurück: Was er von Astrologie halte? «Lassen Sie die zehn weisesten Männer der Welt zusammenkommen und fragen Sie sie nach der dümmsten Sache, die es gibt, und sie werden nichts Dümmeres finden als die Astrologie.»

Klarstellung

Als die Frage aufkam, warum Galilei nicht an seiner Überzeugung festgehalten hatte, meinte HILBERT: «Aber er war doch kein Dummkopf!» Nur ein Dummkopf kann glauben, daß wissenschaftliche Wahrheit Märtyrer braucht – das mag in der Religion so sein, aber wissenschaftliche Ergebnisse beweisen sich im Lauf der Zeit.»

Die Lösung

HILBERT wurde gefragt, welche technische Leistung er für die wichtigste halte: «Eine Fliege auf dem Mond zu fangen.» Warum? «Weil die technischen Probleme, die gelöst werden müssen, um das zu erreichen, die Lösung fast aller materiellen Schwierigkeiten der Menschheit voraussetzen.»

Das wichtigste Problem

Auf die Frage, welches mathematische Problem er für das Wichtigste halte, entgegnete HILBERT: «Das Problem der Nullstellen der Zeta-Funktion, nicht nur in der Mathematik, es ist absolut das Wichtigste.»

Zu schwer
HILBERT verfolgte die theoretische Physik mit viel Interesse, soll aber nach der Lektüre einer größeren Arbeit kopfschüttelnd gesagt haben: «Die Physik ist für die Physiker viel zu schwer.»

Kein Unterschied
HILBERT wurde einmal gebeten, den Unterschied zwischen der reinen und der angewandten Mathematik zu erklären. HILBERT schüttelte den Kopf.» Es gibt keinen Unterschied. Die beiden haben überhaupt nichts miteinander zu tun.»

Vereinfachung
HILBERT sagte einmal zu seiner Arbeitsweise: «Wenn ich etwas lese oder höre, finde ich es eigentlich immer zu schwierig und fast unmöglich zu verstehen, und dann frage ich mich, ob es nicht einfacher sein könnte. Und» – dabei lächelte er sein unbefangenes Lächeln – «mehrmals hat sich herausgestellt, daß es wirklich einfach war.»

Inspiration
HILBERT, der sehr gern ins Theater ging, drängte BORN, doch mit ihm zu gehen. Endlich stimmte BORN zu. Mitten im zweiten Akt sagte HILBERT unvermittelt: «Komm, BORN, wir gehen. Ich hab's.»

Überdruß
Die formellen Vormittagsbesuche waren HILBERT ein Graus. Als er einmal einen solchen Besuch erhielt, der ihn schon nach Minuten langweilte, sagte er zu seiner Frau:

«Käthe, wir haben die Herrschaften schon lange genug gelangweilt». Und dann zogen sie Hut und Mantel an und verabschiedeten sich, als ob sie einen Besuch gemacht hätten.

Hindernisse

HILBERT hielt, obwohl selbst mit einer sehr verständnisvollen Frau verheiratet, nichts davon, wenn junge Wissenschaftler heirateten, weil er fand, die Ehe hielte sie davon ab, ihre Pflichten gegenüber der Wissenschaft zu erfüllen. Als sein Mitarbeiter Wilhelm ACKERMANN heiratete, weigerte er sich, sich für ihn einzusetzen; der begabte junge Logiker mußte als Lehrer an ein Gymnasium gehen. Als HILBERT hörte, daß er ein Kind erwartete, war er hocherfreut: «Oh, das ist wunderbar. Das sind gute Neuigkeiten für mich. Denn wenn dieser Mann so verrückt ist, daß er heiratet und sogar ein Kind hat, bin ich von jeder Verpflichtung befreit, etwas für ihn tun zu müssen.»

Tierisches

EINSTEIN hatte in Princeton eine Katze, die Tiger hieß und sehr unter Regen litt. EINSTEIN sagte dann voller Mitgefühl: «Ich weiß schon, was dich stört, aber nicht, wie ich es abstellen kann.»

EINSTEINs Tochter Margot erzählte einmal, sie habe einen großen langhaarigen Hund mit Namen Moses gesehen, der habe soviel Haar gehabt, daß man nicht habe erkennen können, was vorn und hinten sei. EINSTEIN bemerkte: «Hauptsache, er weiß es.»

Chico, ein kleiner Terrier, entwickelte eine besondere Anhänglichkeit gegenüber EINSTEIN. EINSTEIN sagte dazu: «Der Hund ist intelligent. Er hat Mitgefühl mit mir, weil ich immer soviel Post bekomme, deswegen versucht er den Postboten zu beißen.»

Die Katze der Kinder von John WHEELER, der nicht weit von EINSTEIN entfernt wohnte, folgte EINSTEIN oft auf seinem Nachhauseweg vom Institut. EINSTEIN pflegte dann bei WHEELERs anzurufen, um zu sagen, daß man sich um die Katze keine Sorgen zu machen brauche.

Verwandtschaft
Zu Weihnachten lud DIRAC seine Studenten aus dem Commonwealth gewöhnlich zu sich zum Essen ein. Die Haushälterin in weißer Schürze begrüßte sie und servierte das Essen. Als die Gäste einmal von einer Dame ohne Schürze empfangen wurden, die dann auch mit am Tisch saß, war die Verwunderung der Gäste groß. Daraufhin sagte DIRAC: «Ach entschuldigen Sie: Dies ist die Schwester von Professor WIGNER.» Er hatte inzwischen geheiratet und zeigte seine Verehrung für WIGNER, indem er sich als Mann von dessen Schwester definierte.

Genauer
Als DIRAC mit einem Kollegen spazieren ging, bemerkte der, daß auf dem See vierzehn Enten schwämmen. DIRAC entgegnete: «Fünfzehn. Ich sah eine untertauchen.»

Dichtung

Eines Abends nahm der gewöhnlich so schweigsame Paul DIRAC OPPENHEIMER beiseite und tadelte ihn sanft. «Ich höre,» so sagte er, «Sie schreiben auch Gedichte. Wie in aller Welt können Sie gleichzeitig Physik machen? In den Naturwissenschaften versuchen wir den Menschen etwas, das vorher niemand wußte, so zu erklären, daß jeder es verstehen kann. Aber in der Dichtkunst ist es genau umgekehrt.»

Lakonisch

Ein Student bat DIRAC um ein Empfehlungsschreiben. DIRAC lächelte freundlich, sagte aber nichts. Der Student wiederholte die Bitte, wieder keine Reaktion. Die Sekretärin beruhigte ihn: «Oh, das ist in Ordnung, welches Schreiben wollen Sie?»

DIRAC erzählte von seiner Bewunderung für BOHR. «Wir hatten lange Gespräche, bei denen praktisch nur BOHR sprach.»

Eine Studentin wollte DIRAC zum Sprechen bringen und fragte ihn nach der Uhrzeit. DIRAC wies nach oben – auf die Turmuhr.

DIRACs Schweigen konnte selbst Kollegen verwirren, bei denen man gerade das nie erwartet hätte. So versuchte Ivor ROBINSON, unter seinen Kollegen als besonders sprachgewaltig und gewandt bekannt, verzweifelt, ihn in ein Gespräch zu verwickeln. Er zeigte DIRAC einen Sonderdruck des Physikers *Y* und fragte: «Finden Sie nicht auch, dieser Mann ist der zweitdümmste hier auf der Konferenz?» Nach einer langen Pause fragte DIRAC: «Wen halten Sie für den allerdümmsten?» ROBINSON prompt: «*X*!» DIRAC, tief in Gedanken, sichtete anscheinend die Teilnehmerliste und sagt schließlich: «Ich stimme Ihnen nicht zu.»

Einmal im Jahr gibt es an einem englischen College gewöhnlich ein Essen, bei dem Professoren und Studenten in bunter Reihe tafeln. DIRACs Nachbar stellte sich ihm vor und erwähnt, er habe einen Preis für Physik gewonnen. DIRAC: «Ja, ich auch.»

Pünktlich
Carl Friedrich von WEIZSÄCKER hatte sich zum Studium der Physik entschlossen und wollte im Wintersemester bei HEISENBERG in Leipzig beginnen. HEISENBERG, der gerade auf einer Weltreise war, schickte von WEIZSÄCKER noch vor Beginn des Sommersemesters eine Karte: «Hole mich am 4. November um 7.45 Uhr am Leipziger Bahnhof ab.» HEISENBERG kam tatsächlich mit diesem Zug an. Er bekannte, dies sei gar nicht so einfach gewesen, denn das Schiff habe Verspätung gehabt.

Konzentration
Bei einem Familienausflug entdeckten die Kinder, wie HEISENBERGs Tochter Christine erzählt, an einem alten Steinbruch eine lockere Schieferplatte an der senkrechten Wand. Sie versuchten, sie mit Steinen zu treffen und zu Fall zu bringen. «Alle Geschwister bemühten sich vergeblich.

Schließlich nahm mein Vater einen Stein, konzentrierte sich kurz, warf und traf. Wir unterhielten uns noch lange über die Art von meditativer Konzentration, die ihm das ermöglicht hatte.»

Auswahlprinzip

HEISENBERG wollte von Leipzig nach München in die Ferien reisen. In Leipzig stieg er in den D-Zug von Berlin. Als er den Gang entlangging und nach einem Platz Ausschau hielt, sah er in einem Abteil einen Eispickel hängen. Er erzählte später selbst: «Ich dachte: Da setzte ich mich hinein. Wer mit dem Eispickel reist, ist sicher ein netter Mensch.» Er hatte recht, der Eispickel gehörte dem damals 70jährigen Max PLANCK.

Lehrmeister

HEISENBERG sagte einmal: Ich habe von SOMMERFELD den Optimismus, in Göttingen die Mathematik und die Physik von BOHR gelernt.

Verlorene Söhne

Als Mitte der sechziger Jahre die Arbeitslosigkeit in den USA spürbar wuchs, kamen nach dem großen Exodus der fünfziger Jahre Wissenschaftler wieder nach Deutschland zurück. Bei einer Weihnachtsfeier seines Instituts konnte HEISENBERG 1965 deshalb sagen: «Ganz besonders begrüße ich meine aus Amerika zurückgekehrten verlorenen Söhne!»

Höflichkeit

Eugene WIGNER wurde der höflichste Physiker aller Zeiten genannt. Sein vernichtendstes Urteil lautete: «Das ist sehr interessant.» Man sagte, er klopfte an, wenn er in sein eigenes Arbeitszimmer ging und würde, falls ihn ein solcher Wunsch ankommen sollte, zu einem unerwünschten Besucher sagen: «Würden Sie sich bitte zum Teufel scheren?»

Zuviel

PAULIs Bemühungen um die Quantenfeldtheorie stellten selbst ihn vor Probleme. Doch zugleich beschwerte er sich, daß er kaum noch ein neues physikalisches Problem fände, an dem er arbeiten könne. «Vielleicht weiß ich zuviel?» fragte er schaukelnd.

Richtig!

PAULI kannte auf wissenschaftlichem Gebiet kein Nachsehen; er forderte unbedingte Aufrichtigkeit, übte schonungslose Kritik und fühlte sich als oberster Richter: «Schon öfters habe ich etwas Richtiges als falsch erklärt, aber noch nie etwas Falsches als richtig.» HEISENBERG pflegte – vielleicht deshalb – seine Gedanken erst dann zu veröffentlichen, wenn sie die «PAULI-Probe» bestanden hatten.

Warnung

PAULI warnte: «Werde kein Experte! Aus zwei Gründen: Erstens wirst du dann ein Virtuose im Formalismus und vergißt die wirkliche Natur, und zweitens riskiert man als Experte, daß man nicht mehr am wirklich Interessanten arbeitet.»

Pauli-Verbote

Nach Meinung PIETSCHMANNs ist das eigentliche PAULI-Verbot: «Es ist nicht möglich, daß sich PAULI und funktionierendes Gerät im selben Zimmer befinden.»

Als Fritz HOUTERMANS zum drittenmal heiratete – er schloß vier Ehen – hielt er Umschau nach einem Trauzeugen. Bei der ersten Eheschließung war der zweimal verheiratete PAULI sein Trauzeuge gewesen. Jetzt aber sagte HOUTERMANS: «Ich kann doch nicht wieder den PAULI nehmen, denn bei ihm geht es bei den ungeraden Malen immer schief. Das ist so etwas wie ein PAULI-Verbot.»

Pauli-Effekte

Mit dem Namen PAULI verbinden sich nicht nur PAULI-Prinzip oder -Verbot und PAULI-Gleichung, sondern auch der PAULI-Effekt, und diese Erscheinung reicht sicherlich ins Mystische. PAULI lag jede Art Experiment so fern, daß seine reine Anwesenheit genügte, das Gerät auf völlig unerklärliche Weise zusammenbrechen zu lassen. Seine Freunde sammelten – und erfanden wohl auch – Beispiele dafür, die PAULI selbst außerordentlich genoß. PAULI selbst berichtete 1950 aus Princeton: «Hier hat sich ereignet, daß das ganze Zyklotron des Princeton University vollständig abgebrannt ist (die Ursache der Entstehung des Brandes ist nicht bekannt). Ist es ein PAULI-Effekt?»

Seit PAULI sein Ruf vorausging, wurden die Experimentalphysiker natürlich schon nervös, sobald PAULI ihr Labor betrat. PAULI dagegen war sehr stolz auf diese ihm zugeschriebene Fähigkeit. Der Experimentalphysiker OCCHIALINI wollte ihm deshalb mit einem sorgfältig inszenierten «PAULI-Effekt» Freude bereiten, als Pauli sein Labor in Brüssel besuchte. Eine in OCCHIALINI Labor befindliche Hängelampe wurde so mit der Eingangstüre verbunden, daß sie in dem Moment mit Getöse herunterstürzen mußte, in dem PAULI das Labor betrat. Diese Einrichtung bestand die Generalprobe vor PAULIs Eintreten perfekt – nur versagte sie gänzlich, als PAULI wirklich durch diese Tür eintrat!

Einmal explodierte eine komplizierte Versuchsanordnung in den Göttinger Laboratorien ohne einen sichtbaren Grund. Bei Nachforschungen erwies sich, daß die Explosion genau in dem Augenblick stattgefunden hatte, in dem der Zug, mit dem PAULI von Zürich nach Kopenhagen fuhr, im Bahnhof Göttingen gehalten hatte.

Bei einem Mittagessen in Max BORNs Haus war PAULI unter den Gästen, als das Gespräch auf den PAULI-Effekt kam. HEISENBERG versuchte eine gewisse Entmythologisierung dieser legendären Sache: «Es ergibt sich psychologisch ganz natürlich, daß wir geneigt sind, alles Auffallende und Unwahrscheinliche irgendwie auf PAULI zu beziehen – denn PAULI ist eben ein so unwahrscheinlicher Mensch». BORN ergänzte: «Ja, beinahe unmöglich.» PAULI lachte mit.

PAULI-*Effekt-Theorie*
Pascual JORDAN meinte, der mit der Sicherheit eines statistischen Ereignisses eintretende PAULI-Effekt sei keines-

wegs durch PAULI kausal bedingt, sondern geschehe in unerklärlicher Weise – nicht ihn selber, sondern den Erbauer der Apparatur treffend.

Paul EHRENFEST erklärte den PAULI-Effekt als Spezialfall des allgemeinen Gesetzes: «Ein Unglück kommt selten allein.»

Gegenproben

Der PAULI-Effekt konnte auch im Alltagsleben beobachtet werden: PAULI, MINKOWSKI und JORDAN wollten U-Bahn-Karten kaufen. JORDAN und MINKOWSKI steckten ihr Geldstück in den Automaten, und der versagte zweimal. Dann steckte PAULI seine Münze ein und bekam eine Fahrkarte. «Jetzt machen wir die Gegenprobe», sagte MINKOWSKI und versuchte abermals, eine Karte zu bekommen. Und wieder versagte der Automat!

Einige Hamburger Physiker fuhren mit der Eisenbahn zu einer Tagung. PAULI entschloß sich, zum ersten Mittagessen in den Speisewagen zu gehen; die anderen wollten das zweite Essen vorziehen. Aber während PAULI sein Essen genoß, lief sich eine Achse des Speisewagens heiß, und der Speisewagen mußte abgehängt werden.

PAULI war zu einem Essen im Hause eines Kollegen geladen. Die Glasscheibe des Eßzimmerschrankes hatte alle Fliegerangriffe des Krieges unbeschädigt überstanden. Als PAULI am Schrank vorbeiging, zersprang sie.

Im Januar 1950 sollten PAULI und von WEIZSÄCKER bei der Versammlung der American Physical Society in New York sprechen. Jedem waren 45 Minuten Redezeit zugebilligt; der Vorsitzende, Isidor RABI, hatte einen Wecker neben sich stehen, der etwa drei Minuten vor Ablauf der Redezeit klingelte. Den ersten Vortrag hielt von WEIZSÄCKER, der Wecker klingelte pünktlich, und da der Vortrag genau auf die vorgeschriebene Rededauer angelegt war, saß von WEIZSÄCKER kurz darauf wieder neben RABI, während PAULI ans Pult ging. Er sprach und sprach immer weiter; RABI wurde nervös, nahm den Wecker in die Hand und drehte ihn hin und her. Plötzlich rannte RABI auf das Podium hinauf zu PAULI und rief: «PAULI-Effekt, PAULI-Effekt, der Wecker ist kaputt».

Gegenüber seinem Schüler CASIMIR, den selbst PAULI für «nicht ganz dumm» hielt, versäumte PAULI keine Gelegenheit zu betonen, wie enttäuscht er davon war, daß er sich freiwillig zu dem herabgelassen hatte, was PAULI als die niedrigsten Bereiche menschlicher Leistung und Tätigkeit ansah, nämlich in die Industrie zu gehen. Als CASIMIR einmal die Aufgabe hatte, PAULI bei einem Vortrag einzuführen, erwähnte er nach seinen vielen Beiträgen zur Physik auch den PAULI-Effekt. Pauli dankte für die Einführung und fügte hinzu, daß er es dem Publikum überlasse, zu befinden, ob es ein PAULI-Effekt sei, wenn ein theoretischer Physiker zu einem Herrn Direktor werde.

Walter HEITLER erregte einmal in einer Vorlesung über die Theorie der homöopolaren Bindung völlig unerwartet

PAULIs Zorn, denn PAULI hatte, was HEITLER nicht wußte, eine starke Abneigung gegen diese Theorie. Der Vortrag war kaum beendet, als PAULI aufs höchste erregt zur Tafel ging und, vor ihr hin und herlaufend, begann, seinem Mißfallen Ausdruck zu verleihen, während HEITLER sich auf einen Stuhl setzte, der an der Seite stand. «Bei großen Abständen», erklärte PAULI, «ist die Theorie zweifellos falsch, weil dann die Van der Waals-Kräfte herrschen; bei kurzen Abständen ist sie offensichtlich ebenfalls völlig falsch.» Dabei hatte er die HEITLERs Stuhl gegenüberliegende Seite des Podiums erreicht. Er machte kehrt und ging nun auf HEITLER zu, das Kreidestück in seiner Hand drohend gegen ihn gerichtet: «Und nun», erklärte er, «gibt es eine an den guten Glauben der Physiker appellierende Aussage, die behauptet, daß diese Näherung, die falsch ist in großen Abständen und falsch in kleinen Abständen, trotzdem in einem Zwischengebiet qualitativ richtig sein soll!» Jetzt stand er genau vor HEITLER. Der lehnte sich plötzlich zurück, die Stuhllehne gab mit lautem Bersten nach, und der arme HEITLER fiel nach hinten (zum Glück ohne sich selbst zu sehr zu verletzen). CASIMIR erinnerte sich, daß GAMOW als erster «PAULI-Effekt» gerufen habe und fügte hinzu: «Manchmal frage ich mich, ob GAMOW nicht schon vorher mit dem Stuhl hantiert hat.»

PAULI starb am 15. Dezember 1958. Sein Sterbezimmer hatte die Nummer 137.

PAULI kommt in den Himmel und wird zur Audienz bei Gott vorgelassen. Gott gewährt ihm eine Frage: Was würde PAULI am liebsten wissen? PAULI überlegt nicht lange: «Warum hat die Feinstrukturkonstante den Wert 1/137?» Gott hat kaum mit der Erklärung begonnen, da versetzt sich PAULI in seine Schwingungen: «Nein, so geht das nicht …!»

Anhang
Biographische Stichworte

BAADE, Walter, geboren am 24. März 1893 in Schrötting-
hausen bei Lübecke, gestorben am 25. Juni 1960 in
Göttingen. Seine Beobachtungen zur Erforschung der
Galaxien hatten großen Einfluß auf unser Weltbild. Er
begann als «Stürmer und Dränger» und gab wichtige
Anregungen für den Bau einer gemeinsamen europäischen Sternwarte.

BIERMANN, Ludwig, geboren am 13. März 1907 in Hamm,
gestorben am 12. Januar 1986 in München, Astrophysiker, Gründer und erster Direktor des Max-Planck-Instituts für Astrophysik in Garching, leistete besonders
auf dem Gebiet der Sonnen- und Kometenphysik wesentliche Beiträge. BIERMANN beherrschte in seiner zu-
rückhaltenden Art die Kunst der subtilen Menschen-
führung; Schüler und Mitarbeiter fühlten sich bei ihm
geborgen.

BILLING, Heinz, geboren am 7. April 1914 in Salzwedel,
studierte in Göttingen und München Physik und ist
jetzt emeritiertes Mitglied des Max-Planck-Institut für
Astrophysik. Er war einer der Pioniere der Entwicklung der Rechenmaschinen, insbesondere der Magnet-
speicher und suchte mit seiner Gruppe als erster in
Deutschland nach Gravitationswellen; es gelang ihm
nachzuweisen, daß es sie auf dem damaligen Empfind-
lichkeitsniveau nicht gab.

BOHR, Niels, geboren am 7. Oktober 1885 in Kopenhagen und gestorben am 18. November 1962 in Kopenhagen, erhielt 1922 den Nobelpreis. BOHR gestaltete wesentlich das moderne Weltbild der Atomtheorie und – in Zusammenarbeit mit HEISENBERG – der Quantentheorie, deren Verständnis er durch die Aufstellung des Komplementaritätsprinzips förderte. In den zwanziger Jahren arbeitete er eng mit den Göttinger Quantentheoretikern zusammen. Das von BOHR geschaffene Klima, der «Kopenhagener Geist», war sprichwörtlich. BOHR, selbst Vater von fünf Söhnen, wurde zur Vaterfigur für alle, die bei ihm arbeiteten; er sorgte für sie finanziell, indem er eine dänische Brauerei als Sponsor für seine Vorhaben gewann. Sein Tod entsprach seinem Leben: Voller Pläne, glücklich und gesund, legte er sich zu einer Mittagsruhe nieder, aus der er nicht wieder erwachte.

BOHR, Harald August, geboren am 22. April 1887 in Kopenhagen, dort gestorben am 22. Januar 1951, studierte in Göttingen bei Edmund LANDAU Zahlentheorie und machte als Mathematiker in Kopenhagen, unter anderem zur Funktionalanalysis, wesentliche Beiträge. Der als Fußballer verehrte und beliebte Forscher förderte durch seine häufigen Besuche bei LANDAU in Göttingen und HARDY in Cambridge eine Art «Wissenschaftsunion» der drei Forschungsstätten.

BOLTZMANN, Ludwig, geboren am 20. Februar 1844 in Wien, gestorben am 5. September 1906 in Duino bei Triest. BOLTZMANN lehrte vor allem theoretische Physik in Graz, Leipzig, München und Wien und trug unter anderem wesentlich zur kinetischen Gastheorie bei. Er nahm Musikunterricht bei Bruckner und verehrte die Klassiker, besonders Schiller. Seine vielen humorvollen Beobachtungen zeigen, wie distanziert er die Welt beobachten konnte. Um so tragischer erscheint es, daß er, wohl auch aus Niedergeschlagenheit über die MACHsche Kritik an der Atomtheorie, Selbstmord beging.

BORN, Max, geboren am 11. Dezember 1882 in Breslau, gestorben am 5. Januar 1970 in Göttingen, erhielt 1954 den Nobelpreis. Er war Professor in Berlin, Breslau und Frankfurt und seit 1921 in Göttingen, wo er 1933 seines Amtes enthoben wurde; von 1936 bis 1953 wirkte er in Edinburgh. Die «BOHR-Festspiele», ein Vortragszyklus BOHRs in Göttingen, regten ihn zur Suche nach einer neuen Atomtheorie an. Mit seinem gewaltigen Werk war er einer der Wegbereiter und großen Lehrer der modernen theoretischen Physik. So legte er, der HILBERTs Assistent gewesen war und der PAULI zu seinem gemacht hatte, unter anderem in der «Dreimännerarbeit» mit JORDAN und HEISENBERG die Grundlagen der Quantentheorie.

BRAUN, Helene, geboren am 3. Juni 1914 in Frankfurt, gestorben am 15. Mai 1986 in Göttingen, studierte in Frankfurt und Marburg Mathematik und wurde Nachfolgerin HASSEs in Hamburg. Hel Braun schrieb, sie habe sich als Frau nie benachteiligt gefühlt, sondern «immer wieder gesagt, daß die Mathematiker von jedem Frauenzimmer begeistert sind, das ein hübsches Integralzeichen an die Tafel schreiben kann.»

BURBIDGE, Geoffrey, geboren am 24. September 1925 in Chipping Norton, England, Astrophysiker in England und den USA.

BURBIDGE, Margaret, geboren am 12. August 1919 in Davenport, England, Astrophysikerin in England und USA. In diesem – gar nicht so seltenen – Fall einer Ehe zwischen zwei Astronomen ist – ein seltenerer Fall – die Liste der Ehrungen für die Frau länger als die für den Mann. Als Jeff BURBIDGE einmal gefragt wurde, ob denn ein intensives wissenschaftliches Leben mit einer «ordentlichen» Hauswirtschaft vereinbar sei, fragte er zurück: «What's wrong with restaurant food?» Beider Erscheinungsbild ließ jedenfalls in dieser Hinsicht auf keine nachteiligen Auswirkungen schließen.

CASIMIR, Hendrik B. G., geboren 1909 in Leiden, studierte in Leiden, Göttingen und Zürich und ging, als er das Gefühl hatte, die Physik im wesentlichen zu beherrschen, sich aber nicht in dem Maß am Wettbewerb der Forscher beteiligen zu wollen, wie es nötig ist, um ganz vorn zu bleiben, als Forschungsdirektor in die Industrie. Er sagte: «EHRENFEST lehrte mich, wie wichtig klare knappe Formulierungen sind; er war ein Meister beim Auffinden einfacher Beispiele zur Veranschaulichung des Wesentlichen einer physikalischen Theorie. Später zwang PAULI mich dazu, mich nicht vor einer gründlichen mathematischen Analyse zu drücken. BOHR war sowohl gründlicher als auch wirklichkeitsnäher, denn er hatte die für seine Experimente nötigen Geräte als junger Mann selbst gebaut, und sein Gefühl für Größenordnungen reichte von denen des Atomkerns bis zu solchen, die im Umgang mit den alltäglichen Maschinen eine Rolle spielten.»

CHANDRASEKHAR, Subrahmanyan, geboren am 19. Oktober 1910 in Lahore, Professor in Chicago, erhielt zusammen mit W.A. FOWLER 1983 den Nobelpreis für Physik. Seine Arbeiten zur Astrophysik, besonders zum Aufbau der Sterne, zeichnen sich durch besonders originelle Gedankengänge aus. Der Gentleman flößte Ehrfurcht ein und strahlte Freundlichkeit aus, die auch die – jedenfalls für die Hausfrau – schwierige Situation mit Grazie und Leichtigkeit löste, als ihm, dem strengen Vegetarier, bei einem «privaten Arbeitsessen» nicht nur rein vegetarische Nahrung vorbereitet war.

COLLATZ, Lothar, geboren am 6. Juli 1910 in Arnsberg, Westfalen, gestorben am 26. September 1990 während einer Konferenz in Varna, Bulgarien, war Professor für Mathematik in Hannover und Hamburg. Von seinen Reisen hat er seinen «Schreibdamen» immer ein Mitbringsel mitgebracht; seine Eindrücke hielt er im Tagebuch und in Zeichnungen fest – am liebsten während der Fahrt: «Die Hand ist dann so locker.»

COURANT, Richard, geboren 8. Januar 1888 in Lublinitz im damals polnischen Oberschlesien, gestorben am 27. Januar 1972 in New York. Er lief als 14-jähriger von zu Hause weg und verdiente sich Geld, indem er als Sechzehnjähriger Mädchen auf das Abitur vorbereitete, die eine Klasse weiter und zwei Jahre älter waren als er. Er ging vorzeitig von der Schule ab, weil er lieber Vorlesungen hörte, und mußte das Abitur extern machen. Als er 1910 in Göttingen promoviert wurde, trompeteten seine Freunde bei einer Droschkenfahrt in ganz Göttingen herum, daß Richard COURANT jetzt Doktor der Philosophie *summa cum laude* war. Im selben Jahr noch wurde er HILBERTs Assistent. Der Lohn betrug 50 Mark; außerdem gehörte – fast noch attraktiver – *Familienverkehr* bei HILBERT dazu. 1932 emigrierte COURANT in die USA. In dem für ihn eingerichteten «Courant Institute» in New York herrschte ein Geist der Wissenschaftlichkeit und Mitmenschlichkeit. COURANT sagte: «Ja, ja, es ist Göttingen. Göttingen ist hier.»

DIRAC, Paul Adrien Maurice, geboren am 9. August 1902 in Bristol, gestorben am 20. Oktober 1984 in Talahassee (Florida), erhielt zusammen mit Erwin SCHRÖDINGER 1933 den Nobelpreis für Physik. Er war von 1932 bis 1969 Professor in Cambridge. Ausgehend von HEISENBERGs Ansatz gelangte er unabhängig von BORN und JORDAN zu einer mathematischen Formulierung der Quantentheorie, zu der er unter anderem mit der FERMI-DIRAC-Statistik und der relativistischen Gleichung für das Elektron wesentliche Beiträge machte. DIRAC sah in der Einfachheit und Schönheit der Naturgesetze ein wesentliches Kriterium für ihre Gültigkeit. Seine Gedanken zeichneten sich durch Direktheit und Schlichtheit aus. Er führte seine lakonische Ausdrucksweise darauf zurück, daß sein Vater, ein Schweizer, von ihm, dem in England als Sohn einer englischen Mutter aufwachsenden Kind, gefordert hatte, er solle mit ihm französisch sprechen.

EHRENFEST, Paul, geboren 18. Januar 1880 in Wien, gestorben am 25. September 1933 in Amsterdam, studierte in

Göttingen und Wien. Nach seiner Promotion bei BOLTZMANN mußte er – ähnlich wie EINSTEIN – lange nach einer Anstellung suchen, obwohl ihn eine «grande tour» der deutschsprachigen Universitäten bekannt und beliebt gemacht hatte und EINSTEIN meinte, er könne der Physik das i-Tüpfelchen aufsetzen. EHREN-FEST wurde durch seine Arbeiten zur statistischen Mechanik und Quantentheorie berühmt. Mit seiner Frau, der russischen Mathematikerin Tatjana Afnassjewa, schrieb er 1912 eine einflußreiche kritische Analyse der Grundlagen der statistischen Mechanik.

EIGEN, Manfred, geboren am 9. Mai 1927 in Bochum, Professor für biophysikalische Chemie in Göttingen. Er erhielt 1967 für seine Arbeiten über extrem schnelle enzymatische Reaktionen den Nobelpreis. EIGENs Interessen gehen über die reine Wissenschaft hinaus zum Spiel, nicht nur dem auf dem Klavier, das er meisterhaft spielt, sondern auch zur «Komplexität», zur Suche nach Ordnung am Rand des Chaos.

EINSTEIN, Albert, geboren am 14. März 1879 in Ulm, gestorben am 18. April 1955 in Princeton. Er war der erste «Star» der Wissenschaft; das Interesse der Öffentlichkeit bezog sich nicht nur auf auf seine wissenschaftliche Leistung, sondern auch auf sein Privatleben. Weitere Information – auch Anekdotisches – über ihn ist so leicht zugänglich, daß hier darauf verzichtet werden kann.

FERMI, Enrico, geboren am 29. September 1901 in Rom, gestorben am 28. November 1954 in Chicago, war Professor für theoretische Physik in Rom, New York und

Chicago. FERMI lieferte entscheidende Beiträge zur modernen Physik, insbesondere zu einer Quantenstatistik der Teilchen mit halbzahligem Spin und zum Verständnis nuklearer Kettenreaktionen. Er erhielt 1938 den Nobelpreis für Physik. Seine Frau Laura schilderte mit Humor und Einfühlung das Leben einer Frau an der Seite eines berühmten Wissenschaftlers; in ihrem Buch «Famous Immigrants» erzählt sie von den zumeist jüdischen Emigranten der dreißiger Jahre in den USA.

FEYNMAN, Richard Philips, geboren am 11. Mai 1918 in New York, gestorben am 15. Februar 1988 in Los Angeles, war Professor für Physik an der Cornell University und am CalTech. Für seine grundlegenden Beiträge zur Quantenelektrodynamik erhielt er gemeinsam mit S. TOMONAGA und J. SCHWINGER 1965 den Nobelpreis für Physik. FEYNMAN beeinflußte die Einstellung der ganzen Generation seiner Schüler zur Physik durch die «FEYNMAN-Lectures», ein mehrbändiges Lehrbuch, das zu selbständigem Fragen, Denken und Forschen erzieht. Seine biographischen Bücher sind voller Anekdoten, besonders aus dem Bereich des amerikanischen Wissenschaftslebens.

FIERZ, Magnus, geboren 20. Juni 1912 in Zürich, war Professor für Physik in Basel und Zürich und Schüler, Assistent, langjähriger Briefpartner und Nachfolger von Wolfgang PAULI. Er sagte einmal: «Die wissenschaftlichen Erkenntnisse unseres Zeitalters werfen auf bestimmte Aspekte menschlicher Erfahrung ein derart gleißendes Licht, daß sie den Rest in noch größerem Dunkel lassen».

FRANCK, James, geboren am 26. August 1882 in Hamburg, gestorben bei einem Besuch in Göttingen am 21. Mai 1964, war Professor für Physik in Berlin und Göttingen, von wo er 1933 freiwillig in die USA emigrierte, weil er keine Kompromisse mit dem Dritten Reich eingehen wollte. Von 1938 an war er Professor in Chicago. Er erhielt 1925 gemeinsam mit Gustav HERTZ den Nobelpreis für Physik für die experimentelle Bestätigung der Quantenhypothese und der BOHR-SOMMERFELDschen Atomtheorie; in den USA warnte er vor dem Einsatz der Atombombe, an deren Entwicklung er Anteil hatte, über bewohntem Gebiet. Der ausgezeichnete Experimentalphysiker war 1922 als BORNs bester Freund nach Göttingen gekommen; HILBERT schrieb begeistert: «FRANCK + BORN sind der bestmögliche Ersatz für DEBYE!» Durch sie und ihre Schüler wurde Göttingen zum «Mekka der Atomphysik».

FRANK, Philipp (1884–1966) war Nachfolger EINSTEINs in Prag, der zwar zum Kummer von EINSTEINs Duopartnerin nicht Geige spielte, aber, wie EINSTEIN, gern im Caféhaus saß und eine Biographie EINSTEINs verfaßte.

FRISCH, Robert Otto, geboren am 1. Oktober 1904 in Wien, gestorben am 22. September 1979 in Oxford, führte mit seiner Tante Lise MEITNER Untersuchungen zur Uranspaltung durch. Seine Erinnerungen nannte er bescheiden: *The Little I Know*.

GAMOW, George, geboren am 4. März 1904 in Odessa, gestorben in Boulder, Colorado am 19. August 1968, war einer der originellen jungen Männer, die Anteil an der Entwicklung der Quantenphysik hatten. GAMOW wandte die Quantenmechanik auf den α-Zerfall an und erklärte ihn durch den Tunneleffekt. Seine *Mr. Tomkins*-Bücher trugen wesentlich zur Verbreitung naturwissenschaftlicher Gedanken bei.

GEIGER, Hans, geboren am 30. September 1882 in Neustadt an der Weinstraße, gestorben in Potsdam am 24. September 1945, war Professor der Physik in Kiel, Tübingen und Berlin. Er erkannte u. a. die Übereinstimmung zwischen der Ordnungszahl eines chemischen Elements und der Kernladungszahl.

GERLACH, Walter, geboren am 1. August 1889 in Wiesbaden, gestorben am 10. August 1979 in München, studierte Physik in Tübingen. Er prägte von 1929 bis 1945 als Professor in München das PIUM, das Physikalische Institut der Universität München. Er war ein strenger Herr, der sich mit seiner Frau Ruth, einer Medizinerin, väterlich um seine Schüler sorgte. Anläßlich des 65. Geburtstags wurde er, der begeisterte Musikant und Musikkenner, mit der *Musica Physica* geehrt, einem von Mitgliedern des PIUMs geschaffenen Oratorium «Vom Urknall bis zum Tannhäuserlied ‹Oh du mein holder Gerlach-Stern› – Melodie, Text, Orchester und Chor natürlich alles Piums-eigen».

GÖPPERT-MAYER, Maria, geboren am 28. Juni 1906 in Kattowitz, gestorben am 20. Februar 1972 in San Diego. Die hübsche und umschwärmte «Mizzi» gehörte als Professorentochter und «universelle Nichte» zu Göttingens «guter Gesellschaft» und promovierte «trotzdem» in theoretischer Physik. Ihr Vater hatte ihr geraten: «Werde nie ein Frau», sie ging aber nach ihrer Promotion als Ehefrau des Amerikaners Joe MAYER in die USA, wo sie es sehr schwer hatte, ihre wissenschaftliche Arbeit fortzusetzen. Aber es gelang ihr, und sie erhielt 1963 gemeinsam mit J.H.D. JENSEN einen halben Nobelpreis für die Theorie des Schalenaufbaus der Atomkerne (die andere Hälfte ging an Eugen WIGNER).

HAHN, Otto, geboren am Main am 8. März 1878 in Frankfurt am Main, gestorben am 28. Juli 1968 in Göttingen. HAHN war von 1910–1934 Professor für Chemie in Berlin, danach Direktor des Kaiser-Wilhelm-Instituts für Chemie und von 1948–1960 Präsident der Max-Planck-Gesellschaft. Er hatte sich 1907 spontan zur Zusammenarbeit mit Lise MEITNER entschlossen – was in Anbetracht des Geschlechtsunterschieds eine höchst ungewöhnliche, ja mutige Tat war. Mit ihr zusammen entdeckte er dann viele radioaktive Elemente und Isotope. Als HAHN 1944 den Nobelpreis für Chemie für die in Zusammenarbeit mit STRASSMANN entdeckte Spaltung von Urankernen erhielt, zitierte Max von LAUE Fontane:

> *Gaben, wer hätte sie nicht? Talente, Spielzeug*
> *für Kinder.*
> *Erst der Ernst macht den Mann, erst der Fleiß*
> *das Genie.*

HAHN genierte sich: «Den Fleiß gebe ich zu, die Genialität durchaus nicht.»

HALLWACHS, Wilhelm, geboren am 9. Juli 1859 in Darmstadt, gestorben am 20. Juni 1922 in Dresden, war ein «Meister der messenden Physik», dessen Forschungen auf dem Gebiet der Lichtelektrizität zur Photozelle und dem Nachweis von Lichtquanten führte.

HARDY, Godfrey Harold, geboren am 7. Februar 1877 in Cranleigh, gestorben am 1. Dezember 1947 in Cambridge, war Professor der Mathematik in Oxford, Princeton und Cambridge. In seinem Büchlein *A Mathematician's Apology* preist er die Tiefe und Schönheit der Mathematik als kreativer Kunst. Ein mathematischer Beweis, so sagt er, sollte eher einem einfachen und klaren Sternbild gleichen als einem gestaltlosen Sternhaufen.

HASSE, Helmut, geboren am 25. August 1898 in Kassel, gestorben am 13. Mai 1983 in Hamburg, war Professor der Mathematik in Halle, Marburg, Göttingen und Hamburg. Schon in seiner Antrittsrede als erst 27jähriger Professor in Halle vertrat er die These: «Die Mathematik ist eine Geisteswissenschaft»; er sah sie als Kunst und in ihrer prästabilierten Harmonie einen Garanten der Wahrheit.

HECKMANN, Otto, geboren am 23. Juni 1901 in Opladen, gestorben am 13. Mai 1983 in Göttingen, war Professor für Astronomie in Göttingen und Direktor der Sternwarte in Hamburg-Bergedorf und der Europäischen Südsternwarte in La Silla, die er – mit großer Ehrfurcht und Respekt vor den Eigenarten des Landes und der Menschen dieser Europäern fremden Welt – aufbauen half.

HEISENBERG, Werner, geboren am 5. Dezember 1901 in Würzburg, gestorben am 1. Februar 1976 in München, erhielt schon 1932 den Nobelpreis für seine grundlegenden Arbeiten zur Quantentheorie. In einem «Sturmlauf zur Quantentheorie» hat er große Theorien aufgestellt und wesentliche Probleme gelöst. Nach dem Studium bei SOMMERFELD war er einige Jahre lang der jüngste Professor Deutschlands. Mit Max BORN und Pascual JORDAN schrieb er die berühmte «Dreimännerarbeit» «Zur Quantenmechanik II», die großes Aufsehen erregte, und über die Albert EINSTEIN anerkennend schrieb: «HEISENBERG hat ein großes Quantenei gelegt». Später löste HEISENBERG seine «Bringeschuld» ein, indem er seine Wissenschaft allgemeinverständlich darstellte und die Wissenschaftspolitik beeinflußte. Nach dem zweiten Weltkrieg war er Direktor am Max-Planck-Institut für Physik, das heute seinen Namen trägt.

Während PAULI skeptisch, vorsichtig, konsequent und eher deduktiv war, vertraute HEISENBERG stark auf seine Intuition. Der Satz: «Das geht nicht» bewies ihm einen Mangel an Phantasie; er fand dann sofort ein Gegenbeispiel. Seine Ideen waren originell und unbefangen, die mathematische Fassung sekundär. Mit Intensität und Sensibilität suchte er immer nach dem Andersartigen. In der Diskussion hielt er oft beim wichtigsten Punkt an; dann verschrieb er 14 Tage Karenz, denn Entdeckung war für ihn Erinnerung an Vorgewußtes, und er verfügte auch über die Geduld zum Wachsenlassen.

HERTZ, Gustav, geboren am 22. Juli 1887 in Hamburg, gestorben am 30.Oktober 1975 in Berlin, war ein Neffe des frühverstorbenen Heinrich HERTZ, einem der Vollender der klassischen Physik des 19. Jahrhunderts. Er war Professor in Halle, Berlin, Leipzig und nach dem zweiten Weltkrieg in Suchumi in der damaligen UdSSR. HERTZ erhielt 1925 gemeinsam mit FRANCK den Nobelpreis für die Anregung von Atomen durch Elektronenstöße. Er verzichtete 1935 aus politischen Gründen auf seinen Lehrstuhl.

HILBERT, David, geboren am 23. Januar 1862 in Königsberg, gestorben in Göttingen am 14. Februar 1943. Er gilt als der bedeutendste Mathematiker seiner Zeit. HILBERT war von 1892–1895 Professor für Mathematik in Königsberg, wo er auch studiert hatte, danach bis zu seiner Emeritierung in Göttingen. Dort begannen für die Mathematik goldene Zeiten, als 1902 ein mathematischer Lehrstuhl mit Hermann MINKOWSKI (1864–1909) besetzt und 1904 Carl RUNGE (1856–1927) Extraordinarius für Angewandte Mathematik wurde.

Die Studenten genossen die fast freundschaftlichen Beziehungen zu ihm. Sein Königsberger Akzent reizte sie zur Nachahmung, insbesondere nahmen sie schnell sein charakteristisches «Aber nein!» an, mit dem er seine abweichende Meinung kund zu tun pflegte.

Seit 1925 litt HILBERT an perniziöser Anämie. Er sagte: «Das Gedächtnis verwirrt nur das Denken, deshalb habe ich es schon seit langem abgeschafft.» Diese Senilität schloß ihn in geradezu tragischer Weise von der Welt ab, die sein aktives Leben ausgefüllt hatte. So saß er 1937 bei der Feier seines 75. Geburtstags in einem Nebenzimmer, als seine Leistungen in begeisterten Reden gerühmt wurden, hielt in jedem Arm eine seiner Krankenschwestern und lachte, als ein Kollege ihn aufforderte, sich die Reden anzuhören: «Dies ist viel besser».

HOUTERMANS, Fritz, geboren 1903 in Danzig, gestorben am 1. März 1966 in Bern, wuchs in Wien auf, studierte in Göttingen und Berlin, ging 1934 nach Charkow und wurde von 1937–1940 in russischen Gefängnissen festgehalten. Weil die Bedingungen dort sehr schlecht waren und man von ihm ein Geständnis erwartete, «gestand» er so Absurdes, daß keiner gefährdet wurde. Zum Zeitvertreib erfand er die Zahlentheorie noch einmal. Nach dem Krieg war «Fissel» Professor in Bern.

INFELD, Leopold, geboren am 20. August in Krakow, gestorben am 15. Januar in Warschau, war der Begründer der Schule der Relativitätstheorie in Polen. EINSTEIN half ihm in der Not der Emigration, indem er das von ihm geschriebene Buch *Die Evolution der Physik* als Mitautor veröffentlichte, das dadurch zu einem Bestseller wurde.

JORDAN, Pascual, geboren am 18. Oktober 1902 in Hannover, gestorben am 31. Juli 1980 in Hamburg, war Professor in Rostock und Hamburg. In seiner Studienzeit in Göttingen nahm er als Assistent von BORN wesentlichen Anteil an der Gestaltung der Quantenmechanik und war später einer der Schöpfer der Quantenfeldtheorie. Nach dem Krieg belebte er die Beschäftigung mit der Relativitätstheorie in Deutschland und das Interesse der Öffentlichkeit an naturwissenschaftlichen Fragen durch seine allgemeinverständlichen Bücher und Vorträge. Die systematische Zusammenstellung der Lösungen der EINSTEINschen Feldgleichungen wurde, da sie bei der Mainzer Akademie der Wissenschaften und Literatur erschienen, unter Eingeweihten als *Mainzer Bibel* bekannt. JORDAN war ein geselliger Mensch, der gern zu Festen ging. Wenn man wissen wollte, wo er war, brauchte man nur dorthin zu gehen, wo gelacht wurde. Sein Sprachfehler – er stotterte – störte nie, wenn er eine Studentin mit einer Rose beglückte.

KARMAN, Theodor von, geboren am 11. Mai 1881 in Budapest, gestorben am 7. Mai 1963 in Aachen, war Professor in Göttingen, Aachen und seit 1930 am CalTech. Er arbeitete besonders über Turbulenz und Grenzschichttheorie. Er sagte einmal: «Beim Erzählen einer wahren Geschichte soll man sich nicht zu sehr vom Zufall der Wirklichkeit beeinflussen lassen.»

KLEIN, Felix, geboren am 25. April 1849 in Düsseldorf, gestorben am 22. Juni 1925 in Göttingen, war Professor in Erlangen, München, Leipzig und Göttingen. KLEIN bereicherte die Geometrie, die Gruppen-, Invarianten- und Funktionentheorie und gab Anregungen für den Mathematikunterricht. Unter ihm war das Universitätswesen noch streng hierarchisch gegliedert, und diese Grenzen wurden eingehalten. KLEIN war eine eindrucksvolle Persönlichkeit, vor der selbst fortgeschrittene Studenten und Dozenten in Ehrfurcht erstarrten. Ein Student soll bei einem Essen in KLEINs Haus jedesmal aufgestanden sein, wenn er etwas gefragt wurde.

Der «große» Felix «schöpfte mit königlicher Großzügigkeit aus dem Reichtum seines Wissens» und verstand es, jeden, mit dem er zu tun hatte, zu dem Punkt zu führen, an dem er seine Eigenart entfalten konnte. Dabei war er ein «ferner» Gott, der über den Wolken thronte, während HILBERT und MINKOWSKI eher als die Helden gesehen wurden, die große Taten vollbrachten. KLEINS «Erlanger Programm» war wichtig für die Reform des Mathematikunterrichts und für ein neues Verständnis der Mathematik als Königin der Wissenschaft in Verbindung mit Naturwissenschaft und Technik.

LANDAU, Lew Dawidowitsch, geboren am 22. Januar 1909, gestorben am 1. April 1968 in Moskau war einer der einfallsreichsten Physiker dieses Jahrhunderts, der fast alle Bereiche der modernen theoretischen Physik förderte und sein Wissen im vielbändigen klassischen *Lehrbuch der theoretischen Physik* zusammenfaßte. Er erhielt 1962 den Nobelpreis für Physik für seine Arbeit zur kondensierten Materie. Ähnlich wie PAULI war «Dau», wie er allgemein genannt wurde, gefürchtet wegen seiner erbarmungslosen Ehrlichkeit, seines Witzes und seiner Arroganz – und hochgeachtet wegen seiner Sorgfalt und Objektivität. Er sagte einmal:

«Die Periode, die im Jahre 1925 begann und nur einige Jahre dauerte, kann man das Goldene Zeitalter der Physik nennen.»

LANDAU, Edmund, geboren am 14. Februar 1877 in Berlin, gestorben dort am 19. Februar 1938, wurde 1909 als

Nachfolger MINKOWSKIS nach Göttingen berufen und 1933 aus rassischen Gründen entlassen. Seine Beiträge zur Zahlentheorie blieben lange maßgeblich. Edmund LANDAU war wegen seiner Arroganz und Ehrlichkeit gefürchtet und bewundert wegen seiner Sorgfalt und leidenschaftslosen Hingabe an die Mathematik. HARDY sagte einmal: «Die meisten von uns sind etwas eifersüchtig auf die Errungenschaften anderer; LANDAU schien davon völlig frei zu sein.»

LAUE, Max von, geboren am 9. Oktober 1879 in Pfaffendorf bei Koblenz, gestorben am 24. April 1960 in Berlin, war Professor für Physik in Zürich, Frankfurt am Main, Berlin und Göttingen und nach 1948 Direktor des Fritz-Haber-Instituts der Max-Planck-Gesellschaft. Er erhielt 1914 den Nobelpreis für Physik für den Nachweis der Wellennatur der Röntgenstrahlen und der Gitterstruktur von Kristallen und arbeitete auch über Relativitätstheorie und Supraleitung. Mutig wehrte er sich gegen staatliche Unterdrückung; er wurde ein Symbol der Geistesfreiheit, als er in einer Rede im September 1933 eine Parallele zwischen EINSTEIN und GALILEI zog. Einstein schrieb ihm 1934: «Ich habe immer gewußt, daß Du nicht nur ein Kopf, sondern auch ein Kerl bist.» Der Liebhaber schneller Autos starb an den Folgen eines unverschuldeten Autounfalls.

LEHMANN, Harry, geboren am 21. März 1924, Professor für Physik in Hamburg, brachte als Nachfolger von Wilhelm LENZ die moderne Quantenfeldtheorie ins alte Haus. Er war seinen Hörern nicht nur als Physiker ein Vorbild. So beobachtete man um 1960 manchen Studenten, der – wie er – den Schwamm auf der Hand tanzen ließ: «Laß uns sagen…»

LÜST, Reimar, geboren am 25. März 1923 in Wuppertal, war Professor für Physik in München und von 1971–84 Präsident der Max-PLANCK-Gesellschaft.

LÜST, Rhea, geboren am 6. April 1921 in Hannover, gestorben im München am 12. November 1993, war Astronomin in Göttingen und München. Bei ihrer Eheschließung 1953 bemerkte der wegen seiner scharfen Zunge gefürchtete Direktor der Sternwarte, ten BRUGGENCATE: «Früher hat man die Kinder verfeindeter Fürstenhäuser miteinander verheiratet, heute verbinden sich Universität und Max-PLANCK-Gesellschaft!»

MEITNER, Elise, geboren am 7. November 1878 in Wien, gestorben in Cambridge am 27. Oktober 1968, arbeitete nach dem Studium der Physik in Wien mit dem Chemiker Otto HAHN zusammen an der Erforschung der Radioaktivität. Sie war von 1918 an Leiterin der Physikabteilung des Kaiser-Wilhelm-Instituts für Chemie in Berlin und emigrierte 1938 nach Dänemark und Schweden.

Lise MEITNER entsprach als junges Mädchen ganz dem Bild einer Frau aus der Zeit der k. u. k. Monarchie. Sie war wohlerzogen, bescheiden, in der Öffentlichkeit zurückhaltend, unsicher und scheu, wollte aber unbedingt Naturwissenschaftlerin werden. Frauen durften seit 1899 in Österreich offiziell die Universitäten besuchen, aber der Besuch höherer Lehranstalten war ihnen nicht gestattet. Deshalb lernte sie privat den Lehrstoff für die externe Matura, die sie als 22jährige erhielt. Nach der Promotion ging sie als 28jährige «für einige Semester» nach Berlin, um bei Max PLANCK weiter zu studieren. Der «Meitnerin» stand ab 1920 der Titel Professor zu (Otto HAHN schon seit 1907), sie wurde aber erst 1926 zur außerordentlichen nichtbeamteten Professorin ernannt, als alle ihre männlichen Kollegen mit gleicher Qualifikation längst Lehrstuhlinhaber waren.

MINKOWSKI, Hermann, geboren am 22. Juni 1864 in Aleksota, dem heutigen Kaunas in Litauen, gestorben am 12. Januar 1909 in Göttingen. Er war Professor für Mathematik in Bonn, Königsberg, Zürich und von 1902 an in Göttingen. Die enge und fruchtbare Zusammenarbeit mit seinem Studienfreund HILBERT hatte großen Einfluß auf die Entwicklung der Mathematik. MINKOWSKI gab die abschließende Formulierung des Relativitätsprinzips und bahnte so den Weg zur allgemeinen Relativitätstheorie.

MINKOWSKIs Genialität zeigte sich schon, als er 17jährig eine Preisaufgabe über die Zerlegung der ganzen Zahlen in fünf Quadrate löste, und der er das Motto voranstellte: «Rien n'est beau que le vrai, le vrai seul est aimable [Nur das Wahre ist schön, allein das Wahre ist liebenswert (Montaigne)].» In Zürich hatte seine Vortragsweise EINSTEIN abgeschreckt; in Göttingen erkannten die Studenten in MINKOWSKI den «wahren mathematischen Dichter».

Zu seinem ganz plötzlichen Tod führte eine akute Blinddarmentzündung. Am Mittag des Dienstags, dem 12. Januar 1909, verlangte er nach seiner Familie und HILBERT; als HILBERT im Krankenhaus eintraf, war er schon tot. «Die Ärzte standen mit Tränen in den Augen am Totenbett des Vierundvierzigjährigen.» Am Donnerstag, Punkt drei Uhr, begleiteten die Mathematikprofessoren MINKOWSKI zur letzten Ruhe. «Selbst KLEIN schien es schwer zu fallen, ruhig zu sprechen», berichtete ein Student seinen Eltern. «HILBERT und RUNGE schienen entstellt, ihre Augen waren so rot von Tränen.» HILBERT sagte an seinem Grab: «Seit meiner ersten Studienzeit war mir MINKOWSKI der beste und zuverlässigste Freund, der an mir hing mit der ganzen ihm eigenen Tiefe und Treue. Unsere Wissenschaft, die uns das liebste war, hatte uns zusammengeführt; sie schien uns wie ein blühender Garten; in diesem Garten gibt es geebnete Wege, auf denen man mühelos genießt, indem man sich umschaut, zumal an der Seite eines Gleichempfindenden. Gern suchten wir aber auch verborgene Pfade auf und entdeckten mache neue, uns schön dünkende Aussicht, und wenn der eine dem andern sie zeigte und wir sie gemeinsam bewunderten, war unsere Freude vollkommen.»

NERNST, Walther Hermann, geboren am 25. Juni 1864 in Briesen bei Bromberg, gestorben am 18. November 1941 auf seinem Gut Zibelle bei Bad Muskau, war Professor für Physik in Göttingen und Berlin und von 1922 – 1924 Präsident der Physikalisch-Technischen Reichsanstalt. Er erhielt als einer der Begründer der physikalischen Chemie 1920 den Nobelpreis für Chemie. Schon 1910 war er, der Entdecker des

3. Hauptsatzes, ein Vertreter der Quantenvorstellung. Seine charaktervolle Persönlichkeit prägte das Berliner Wissenschaftsleben. Mit einigem Recht konnte er bei seinem letzten Besuch im alten Physikalisch-Chemischen Institut, das im selben Gebäude war wie das Physikalische Institut, auf die Trennwand zeigen und zitieren: «Mehr als die Hälfte dieser Welt war mein.»

NOETHER, Amalie, geboren am 23. März 1882 in Erlangen, gestorben am 14. April 1935 in Bryn Mawr, Pa. Sie erhielt trotz ihrer immensen Beiträge zur Mathematik, die sie bis zu ihrer Emigration 1933 in Göttingen machte, niemals eine ihren Leistungen entsprechende Anerkennung, obwohl HILBERT sich rückhaltlos für sie einsetzte. Sie hielt nichts von «Formelgestrüpp», sondern deckte algebraische Strukturen auf und lenkte das mathematische Denken auf neue Wege. Die Grazien, so schien es, hatten an ihrer Wiege nicht Pate gestanden, aber Hermann WEYL sagte einmal von ihr: «Emmy NOETHER war sozusagen wie ein warmer Laib Brot. Sie strahlte Wärme aus; sie kannte keine Bosheit, und sie glaubte nicht an das Böse – und nie kam es ihr in den Sinn, daß sie unter Männern eine Rolle spielen könnte.» Als erster sprach wohl ihr Schüler ALEXANDROFF von Emmy NOETHER als «Der NOETHER». Er fand «ihre Weiblichkeit in dem sanften und feinen Lyrizismus, der dem weitreichenden, aber niemals oberflächlichen Interesse zugrunde lag, das sie für Menschen, ihren Beruf und die Menschheit hegte.»

OPPENHEIMER, Robert, geboren am 22. April 1904 in New York, gestorben am 18. Februar 1967 in Princeton, promovierte bei Max BORN, war Professor für Physik in Berkeley und Pasadena und Direktor des Institute for Advanced Study in Princeton. Er wurde «Vater der Atombombe» genannt, sprach sich aber aus moralischen Gründen gegen die Wasserstoffbombe aus.

PAULI, Wolfgang, geboren am 25. April 1900 in Wien, gestorben am 15. Dezember 1958 in Zürich, ließ schon früh seine außerordentliche Begabung erkennen. SOMMERFELD war von dem erst achtzehnjährigen Studenten so beeindruckt, daß er ihm die Aufgabe übertrug, einen Handbuchartikel über die damals noch weitgehend unverstandene Relativitätstheorie zu schreiben. Schon in diesem Artikel zeichnete er sich durch ein «Streben nach letzter Klarheit» aus, das sein Denken später auszeichnete.

Nach dem Studium in München habilitierte sich PAULI 1924 als Assistent von Wilhelm LENZ. Von 1928 an lehrte er mit Ausnahme der Zeit von 1940–1946, die er am Institute for Advanced Study in Princeton verbrachte, in Zürich. PAULI war Mitbegründer der Quantentheorie und der Quantenfeldtheorie und prägte durch seine Persönlichkeit – EHRENFEST nannte ihn «die Geißel Gottes» – den Stil und die Denkweise der theoretischen Physiker seiner Generation, zumal so bedeutende Physiker wie Ralph KRONIG, Rudolf PEIERLS, Hendrik CASIMIR, Viktor WEISSKOPF und Markus FIERZ zu seinen Assistenten zählten. Als ihm 1945 der Nobelpreis für die Aufstellung des Ausschließungsprinzips verliehen wurde, hielt ihm EINSTEIN, der in ihm seinen Nachfolger sah, bei der Institutsfeier die Laudatio.

PAULI ist sicherlich eine der einprägsamsten Gestalten unter den Physikern der ersten Hälfte des Jahrhunderts. Seine Körperfülle war beträchtlich, und er sprudelte fast über mit nervöser Energie, was sich insbesondere in recht ungewöhnlichen Körperbewegungen zeigte. Er hatte die Angewohnheit, auf den Füßen zu wippen, wobei er gleichzeitig den Kopf vorwärts und rückwärts bewegte; diese «PAULI-Schwingungen» erweckten den Eindruck, seine Muskeln seien irgendwie verquer. Einer der damals so beliebten Schüttelreime sagt treffend:

> *Pauli sich beim Lesen wiegt*
> *Weil das in seinem Wesen liegt*

PAULI war einer der letzten, die noch die ganze Physik überschauten, und wirkte weit über seinen Tod hinaus. Insbesondere forderte er, eine befriedigende Quantenfeldtheorie müsse erklären, wie der numerische Wert (1/137) der dimensionslosen Feinstrukturkonstanten zu erklären sei.

WEISSKOPF sagte in seiner Trauerrede: «Wie oft fragen wir uns, wenn wir unsere Arbeit betrachten Was würde PAULI dazu sagen? Wie oft denken wir: Das würde PAULI nicht akzeptieren? PAULI hat in den reifen Jahren seines Lebens ein glückliches und zutiefst erfülltes Leben gehabt, aus dem er so plötzlich gerissen wurde. Er hat uns sein Leben vorgelebt als Mensch und Wissenschaftler in ruhiger Besinnlichkeit und klarer Einfachheit.

Aber es ist mehr als die Arbeit selbst; es ist die tiefe menschliche Klarheit und Unbedingtheit, die PAULI ausstrahlte und die alle Beziehungen zu seinen Mitmenschen und Kollegen bestimmte. Wir kennen alle die berühmte Schärfe seiner Kritik, die Unbarmherzigkeit und Ironie, mit der er falsche Ideen bekämpfte, den Witz und die Verachtung, mit der er Dingen begegnete, die ihm halb und unecht erschienen. All dies ist der Ausdruck seines konstanten Strebens nach letzter Klarheit und Reinheit in Wissenschaft und menschlichen Dingen.»

PIETSCHMANN, Herbert, geboren am 9. August 1936 in Wien, studierte in Wien. Der vielseitig interessierte Physiker hält seit 1969 jeweils zu Weihnachten (und an anderen Orten zu anderen Zeiten) eine Vorlesung (mit Nachsitzung) über musikalische Themen, so über Beethovens Symphonien (*Die Vierte, das Aschenbrödel, So pocht das Schicksal an die Pforte, Die Neunte und was dann?*).

PLANCK, Max, geboren am 23. April 1858 in Kiel, gestorben am 4. Oktober 1947 in Göttingen, war Professor der Physik in Kiel und Berlin und von 1930–37 und 1945–46 Präsident der Max-Planck-Gesellschaft. Den Nobelpreis für Physik erhielt er 1918 für die revolutionierende Annahme der Energiequantelung. Planck prägte die moderne Physik ganz entscheidend: nicht nur als Begründer der Quantentheorie durch seine Arbeiten, von denen das PLANCKsche Wirkungsquantum und das Strahlungsgesetz seinen Namen tragen, sondern auch durch seine Geradlinigkeit und Unbeirrbarkeit im Handeln und Denken, mit der er sich für neue Ideen, etwa EINSTEINs spezielle Relativitätstheorie, und besonders im Dritten Reich für seine verfolgten Kollegen einsetzte. So stellte er 1934 EINSTEIN auf eine Stufe mit KEPLER und NEWTON und führte 1935 trotz offizieller Proteste eine ergreifende Trauerfeier für Fritz HABER durch. PLANCK verlor vier seiner fünf Kinder als junge Erwachsene; sein Lieblingssohn wurde wegen seines Widerstands gegen das NS-Regime 1944 hingerichtet. Ein Zeichen der Verehrung, die ihm gilt, ist die Umbenennung der Kaiser-Wilhelm-Gesellschaft zur Förderung der Wissenschaften in Max-Planck-Gesellschaft.

POHL, Robert Wichard, geboren am 10. August 1884 in Hamburg, gestorben am 5. Juni 1976 in Göttingen.
POHL revolutionierte als Professor in Göttingen durch seine Demonstrationstechnik in den Physikvorlesungen den physikalischen Unterricht.

RÖNTGEN, Wilhelm Konrad, geboren am 27. März 1845 in Lennep bei Remscheid, gestorben am 10. Februar 1923 in München, erhielt 1901 den Nobelpreis für die Entdeckung der nach ihm benannten Strahlen. Er wurde aus Würzburg in Anbetracht seiner Verdienste nach München berufen.
RÖNTGEN liebte die Jagd und ging oft schon um halb vier Uhr morgens von seinem Jagdhäusl in Weilheim aus in den Wald, um in kleinen Birkenzweighütten die Morgendämmerung und das Balzen der Vögel zu erwarten. Die Freude an dieser Stimmung hielt ihn manches Mal von einem Schuß ab.

RUNGE, Carl, geboren in Bremen am 30. August 1856, gestorben in Göttingen am 3. Januar 1927, war Professor der Mathematik in Hannover und Göttingen.

RUNGE, von dem seine Kinderfrau gesagt hatte, er sei
«so'n richtiger Jan Wohlgemut, he schämt sich nicht, he
främt sich nicht», war nicht nur ein hervorragender
Mathematiker, sondern auch ein ausgezeichneter Experimentator und kongenialer Mitstreiter HILBERTs.

SCHILD, Alfred, geboren am 7. September 1921 in Istanbul,
gestorben am 24. Mai 1977 in Chicago, emigrierte als
Jude nach England und wurde in Kanada interniert. Auf
sein Betreiben hin gründete die Universität von Texas
in Austin, die damals zwar keine größeren, aber doch
mehr Dollar besaß als andere Universitäten, ein Zentrum für Relativitätstheorie. Seine Devise war, daß nicht
Institutionen, sondern Menschen wichtig seien.

SCHÜCKING, Engelbert, geboren am 26. Mai 1926 in Dort-
mund, studierte in Hamburg Physik und war Professor
in Austin und New York. Er gehört zu den Begründern
der Texas-Konferenzen für Relativistische Astrophysik
und ist aufgrund seines reichen Anekdotenschatzes einer der begehrtesten After-Dinner-Sprecher.

SOMMERFELD, Arnold, geboren am 5. Dezember 1868 in
Königsberg, gestorben am 26. April 1951 in München,
war Professor der Physik in Clausthal, Aachen und
München. Er gehörte zu den frühen Anhängern der
Relativitätstheorie und machte durch seine unkonven-
tionelle Offenheit und Souveränität München zu einem
höchst anziehenden Studienort. Zu SOMMERFELDs
Schülern, die immer zu Selbständigkeit ermuntert wurden, gehörten neben PAULI und HEISENBERG unter
anderen DEBYE, EWALD, EHRENFEST, EPSTEIN, HON-
DROS, FUES, HÖNL, KOSSEL und LENZ. SOMMERFELD

lag sehr daran, immer den Überblick über die Physik zu behalten. Als er nach der Veröffentlichung seines mehrbändigen Lehrbuchs der theoretischen Physik, das zu einem «Klassiker» wurde, glaubte, seine Möglichkeiten ausgeschöpft zu haben, stellte er seine wissenschaftliche Forschung zurück: «Halt, wenn die Karriere geschlossen ist.»

VAN DER WAERDEN, Bartel Leendert, wurde am 2.Februar 1903 in Amsterdam geboren, war Professor der Mathematik in Groningen. Leipzig, Amsterdam und Zürich. Seine zweibändige «Moderne Algebra» (1930/31) ist inzwischen ein klassisches Werk, das der abstrakten Auffassung der Algebra zum Durchbruch verhalf. Er hatte sie als Göttinger Student bei Emmy NOETHER gelernt, deren seiner Meinung nach «rührende Versuche, die Begriffe klarzustellen, bevor sie sie noch ausgesprochen hatte, eher die gegenteilige Wirkung hatten».

WEISSKOPF, Viktor, geboren am 19. September 1908 in Wien, lebt jetzt als US-Amerikaner in Massachusetts. WEISSKOPF war Assistent PAULIs, lehrte Physik in Zürich, Rochester, Los Alamos und am MIT in Cambridge. Er war von 1961 bis 1965 Generaldirektor von CERN. Der «Universalgeist» begeistert sich über die Physik hinaus nicht nur für die schönen Künste, vor allem die Musik, sondern setzt sich auch mit aller zur Verfügung stehenden Kraft für eine friedliche, lebenswerte Welt ein.

WEIZSÄCKER, Carl Friedrich Freiherr von, geboren in Kiel am 26. Juni 1912, wirkte als Physiker und Philosoph in

Leipzig, Berlin, Straßburg, Göttingen, Hamburg und als Direktor des Max-Planck-Instituts zur Erforschung der Lebensbedingungen der wissenschaftlich-technischen Welt in Starnberg. Als Schüler und Freund HEISENBERGs war er einer der Mitgestalter der theoretischen Kernphysik und Quantentheorie. Heute ist der mit vielen Preisen und Ehrungen ausgezeichnete Forscher einer der letzten, die aus eigenem Erleben und mit der Weisheit eines Philosophen von den aufregenden Entwicklungen in der Physik der zwanziger und dreißiger Jahre berichten können.

WEYL, Hermann, geboren am 9. November 1885 in Elmshorn, gestorben am 8. Dezember 1955 in Zürich, war Professor in Zürich, Nachfolger HILBERTs in Göttingen und nach der Emigration von 1933 am Institute for Advanced Study in Princeton. WEYL kam 1903 als 18jähriger «Junge vom Lande» nach Göttingen, weil der Direktor seines Gymnasiums der Vetter eines Mathematikprofessors «namens David HILBERT» war. Er sei «scheinbar unbeholfen» gewesen, habe aber «lebhafte Augen und großes Vertrauen in seine eigenen Fähigkeiten» gehabt. Gelegentlich «alberten» er und seine Freunde in einer Sprache, in der jeder Silbe ein p vorgesetzt war, oder er lag den ganzen Abend unter einem Stuhl und beantwortete Fragen nur mit einem Bellen.

Der bedeutendste Schüler und Nachfolger HILBERTs sah sich als Vermittler von Physik und Mathematik und vertiefte als außerordentlich vielseitiger Mathematiker insbesondere mit seinem Buch «Raum, Zeit, Materie» das Verständnis für die mathematisch-physikalischen und philosophischen Grundlagen der allgemeinen Relativitätstheorie.

WHEELER, John Archibald, geboren am 9. Juli 1911 in Jacksonville, Florida, war Professor in Princeton und Austin, Texas. Zu seinen mehr als 50 Doktoranden gehört auch Richard FEYNMAN. WHEELER sagte, er sei einer von jenen, die nur das lernen, was sie lehren. Er ist ein Meister kurzer, prägnanter Formulierungen, und seine Tafelzeichnungen scheinen sich «so organisch zu ergeben, daß man meinen könnte, sie wüchsen weiter, wenn der Vortrag vorbei ist – sie sind dicht und klar, wie eine Zeichnung von Dali.»

WIENER, Norbert, geboren am 26. November 1894 in Columbia, Missouri, gestorben am 18. März 1964 in Stockholm, war Professor am MIT. Der vielseitige Mathematiker ist insbesondere als Begründer der Kybernetik bekannt.

WIGNER, Eugene, geboren am 17. November 1902 in Budapest. Er war Professor in Berlin, Göttingen und Princeton und erhielt 1963 den Nobelpreis für Physik. Für WIGNER, so wird erzählt, waren die schwierigsten Dinge so einfach wie für andere eine quadratische Gleichung. John von NEUMANN soll ihm an einem verregneten Sonntag nachmittag die Gruppentheorie beigebracht haben, die WIGNER dann vielseitig auf die Physik anwandte.

ZIEGLER, Karl Waldemar, geboren am 26. November 1898 in Helsa bei Kassel, gestorben am 11. August 1973 in Mülheim an der Ruhr. ZIEGLER war Professor für Chemie in Heidelberg, Halle und Aachen und Direktor des

Kaiser Wilhelm-Instituts (heutiges Max-Planck-Institut) für Kohleforschung und erhielt 1963 zusammen mit NATTA für seine Forschungen auf dem Gebiet der Hochpolymeren den Nobelpreis. Seine unverblümte Kritik besonders sprachlicher Nachlässigkeiten überlebt in vielen Anekdoten.

Zum 150. Geburtstag der
Deutschen Physikalischen Gesellschaft

Wissenschaftler sind auf den Gedankenaustausch angewiesen. Die deutschsprachigen Physiker – damals noch wenige – suchten ihn zunächst im Rahmen der 1822 gegründeten Gesellschaft deutscher Naturforscher und Ärzte, deren Tagungen «wissenschaftliche und gesellschaftliche Höhepunkte» darstellten. Bei der Wiener Tagung 1832 hatte der Kaiser gar alle 462 «eigentlichen» Mitglieder unter den Teilnehmern «zur Tafel geladen».

Die Urzelle der Deutschen Physikalischen Gesellschaft ist jedoch eher mit einem autonomen Seminar zu vergleichen: Der wohlhabende Berliner Gustav MAGNUS, Privatdozent und späterer Professor für Physik der 1810 gegründeten Berliner Friedrich-Wilhelm-Universität, hatte in seinem Haus am Kupfergraben 7, gegenüber der heutigen Museumsinsel, eine Lehrmittelsammlung geschaffen. Er demonstrierte in wöchentlichen Kolloquien «Physik zum Anfassen», zu denen er junge Physiker einlud, wenn sie ein gutes Arbeitsthema nennen konnten. Bei «der abendlichen Teetasse» wurden die im Magnus-Kolloquium begonnenen Besprechungen und Unterhaltungen in den Wohnungen der Teilnehmer fortgesetzt, und es entstand der Plan, im Rahmen eines Vereins in regelmäßigen Sitzungen über eigene und fremde Forschungen zu berichten. Die Physiologen Emil DU BOIS-REYMOND und Ernst von BRÜCHE und die Physiker Wilhelm von BEETZ, Gustav KASTEN,

Carl Hermann KNOBLAUCH und Wilhelm HEINTZ, der zugleich Chemiker war – alle zwischen 23 und 27 Jahre alt – gründeten am 14. Januar 1845 einen Verein, dem sich sofort auch Werner Siemens anschloß. Noch im Gründungsjahr oder bald danach traten auch ältere und prominente Herren bei, so der damals 43-jährige MAGNUS, HELMHOLTZ (er trug dort 1847 «Über das Prinzip von der Erhaltung der Kraft» vor), WIEDEMANN, KIRCHHOFF, CLAUSIUS, VIRCHOW und HALSKE. Schon Ende 1845 hatte diese *Berliner Physikalische Gesellschaft* 53 Mitglieder, 1886 zählte sie 200. Auf Vorschlag von Max PLANCK wurde sie 1899 in *Deutsche Physikalische Gesellschaft* umbenannt, Regionalgesellschaften in anderen Städten waren ihr angeschlossen. Die heutige *Deutsche Physikalische Gesellschaft* e.V. hat 26 000 Mitglieder.

Auch die DPG wurde in die Politik verstrickt, als sie sich trotz der Diffamierung nicht von der «judengeistigen» Relativitätstheorie und Quantentheorie distanzieren wollte, mußte aber, wenn auch erst 1940, einen «Arier-Paragraphen» in ihre Statuten aufnehmen. Der «Deutsche Physiker» Philipp Lenard verbot mit einem Schild an seinem Arbeitszimmer «Juden und Mitgliedern der sogenannten Deutschen Physikalischen Gesellschaft» den Zutritt.

Die «Dokumentation der reißenden Fortschritte» der jungen Gesellschaft erfolgte in den *Physikalischen Berichten*, die heute *Physikalische Blätter* heißen, und in ihren *Verhandlungen*. Ihre Gesamttagungen, zunächst Sektionssitzungen im Rahmen der Jahrestagungen der Gesellschaft der Naturforscher und Ärzte, wechseln seit 1921 im Zweijahresrhythmus als eigene Tagungen mit diesen ab.

Eine «Weiterentwicklung» des Magnus-Kolloquiums war das berühmte «Freitags-Kolloquium», in dem sich Physiker von Rang und Namen trafen. In einem dicken «Geschäftsbuch» wurde auf eigens für die Gesellschaft gedruckten Formblättern in bündiger Kürze Protokoll geführt. In der Regel gab es drei Vorträge von je zwanzig Minuten Dauer über eigene Arbeiten – unter anderem waren EINSTEIN, PLANCK, von LAUE Vorsitzende der DPG und trugen ihre Ergebnisse dort vor – oder Referate über in Zeitschriften veröffentlichte Vorträge. Es folgten dann jeweils je zehn Minuten Diskussion.

Neben dem Kolloquium der DPG gab es in Berlin mittwochs das berühmte Kolloquium der Berliner Universitäten, auch Berliner Kolloquium oder – zur Zeit von LAUEs – LAUE-Kolloquium genannt. EINSTEIN ging außerdem donnerstags zu den Sitzungen der Preußischen Akademie der Wissenschaften. Die Vorträge dort waren für Fachfremde oft anstrengend langweilig. Die älteren Akademiker redeten einander förmlich mit Geheimrat oder Exzellenz an – EINSTEIN, der keine solchen Ehren aufzuweisen hatte, wurde dann, wenn das schlichte «Herr Professor» vermieden werden sollte, mit «Euer Hochwohlgeboren» tituliert.

Die Deutsche Physikalische Gesellschaft verstand es immer, Geburtstage zu feiern. Zwar wurde die Feier ihres 50. Geburtstags wegen der Trauer um die 1894 verstorbenen Mitglieder Heinrich HERTZ, Hermann HELMHOLTZ und August KUNDT auf 1896 verschoben, und kurz nach der Feier des 100. Geburtstages im Januar 1945 erfolgte die vorläufige Auflösung – die Feiern selbst aber waren bewegend. Allen Feiern der ins Magnus-Haus zurückgekehrten DPG sei, wie es 1896 war, ein Festmahl mit «wohlgesetzten Reden» und mit dem zeitgemäßen Äquivalent von «Gnadenbezeigungen des Kaiserlichen Herrn» gewünscht. Möge sie, wie es Gerhard Buchwald 1945 klassisch sagte, die «Bewahrerin des prometheischen Feuers» bleiben. «Sei ihr *Dämon* lebendig, *Tyche* gewogen, *Eros* schöpferisch, *Anangke* erträglich, *Elpis* erfüllungsfroh!»

Ad multos annos!

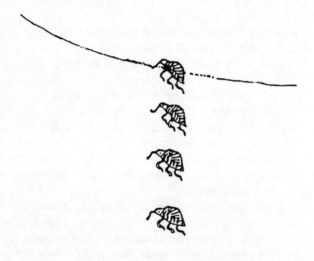

Nachgedanken

*In den exakten Naturwissenschaften schwebt
als Ideal vor, alles Persönliche, Subjektive aus-
zuschalten; das Ziel ist ausschließlich die Auffin-
dung reiner objektiver Wahrheit, die jeder nach-
prüfen kann.*

Erwin Schrödinger

*Erst als ich, ein Student, einen Professor sagen
hörte, ein Sachverhalt sei ihm nicht klar, ist mir
aufgegangen, daß ich bis dahin gemeint hatte,
die Naturwissenschaften seien etwas ohne Menschen und ohne Widersprüche.*

C.P. Snow

Mit großem Mut zur Unvollkommenheit traue ich mich,
meine Sammlung von Anekdoten zu veröffentlichen. Seit
ich als Schülerin Bells *Men of Mathematics* las und als
Studentin «großen Wissenschaftlern» begegnete, fasziniert
mich die «persönliche Seite» der Wissenschaft. Ich fasse
den Begriff *Anekdote* hier sehr weit und meine nicht nur
das «Unveröffentlichte», «Hinter-dem-Rücken-Getu-
schelte», sondern Humoriges, Menschliches überhaupt.
Wir verbinden mit den Namen der meisten hier erwähnten
Wissenschaftler vor allem ihr Werk. Sozusagen als Möch-
tegernnichte und eingeheiratete Enkelin konnte ich in lan-

gen Jahren des Lebens im Ausland mit Recht sagen: «My relatives are the relativists». Deshalb fühle ich mich auch berechtigt, «Familiengeschichten auszuplaudern». Mir wird dabei warm ums Herz, und diese Heiterkeit möchte ich dankbar teilen.

Carl Friedrich von WEIZSÄCKER erzählt, daß Niels BOHR in jedem Jahr einmal vier bis sechs seiner Mitarbeiter zu einer Konferenz einzuladen pflegte; jeder von ihnen durfte wiederum einen oder auch zwei Gäste mitbringen. Man einigte sich auf ein Thema, und dann gab es «die höchste Stufe der jeweiligen Aktualität, und da die Konferenz ... etwa doppelt so viele Stunden wie Teilnehmer zählte, gab es Zeit, jedes lohnende Problem auszudiskutieren».

Ganz im «Kopenhagener Geist» schloß die Konferenz vom 3.–13. April 1932, im 100. Todesjahr Goethes, mit der Aufführung einer Parodie auf den *Faust*. Das Manuskript wurde an die Teilnehmer der Konferenz verteilt, nachdem es George GAMOW mit jenen Zeichnungen ausgestattet hatte, die in der vorliegenden Sammlung als Vignetten verwendet sind.[*] Max DELBRÜCK führte mit der «Stoßbrigade des ‹Instituts for teoretisk Fysik›» Regie. Nach dem Gesang der drei Erzengel in der Maske der Astrophysiker EDDINGTON, JEANS und MILNE holte sich Mephisto – von Léon ROSENFELD in der Maske von PAULI gespielt – im

---

[*] Eine deutsche Fassung ist abgedruckt in: Niels Bohr 1885–1962. Der Kopenhagener Geist in der Physik, hg. von Karl von Meyenn, Klaus Stolzenberg, Roman Sexl, Vieweg: Braunschweig, Wiesbaden 1985.

«Prolog im Himmel» vom Herrn – Felix BLOCH in der Maske BOHRs – die Erlaubnis, seinen Knecht EHRENFEST, der gelegentlich auch Züge von HEISENBERG aufwies, zu versuchen. Das Stück spielt in Fausts Studierstube und in Mrs. Ann Arbor's Speak Easy (eine Anspielung auf Ann Arbor in Michigan mit den beliebten Sommerschulen), hat eine klassische und eine quantentheoretische Walpurgisnacht und endet mit der Apotheose des wahren Neutrons.

Leider muß ich darauf verzichten, die Namen der vielen Menschen zu nennen, die mich ermutigt und mir geholfen haben: ich kann sie nicht alle aufzählen. Ich hoffe, die Gemeinten fühlen sich angesprochen; ich danke Ihnen.

Die Sammlung ist stark vom Zufall der persönlichen Bekanntschaft bestimmt. Sie könnte vermutlich besser sein. Bitte, liebe LeserInnen, teilen Sie mir Ihre Kritik und Vorschläge mit. Natürlich würde ich mich auch über Ergänzungen und Anerkennung freuen.

Anita Ehlers
Riedener Weg 60
D-82319 Starnberg

Namenregister

214